洪錦魁簡介

2023 年和 2024 年連續 2 年獲選博客來 10 大暢銷華文作家，多年來唯一電腦書籍作者獲選，也是一位跨越電腦作業系統與科技時代的電腦專家，著作等身的作家，下列是他在各時期的代表作品。

- ❑ DOS 時代：「IBM PC 組合語言、Basic、C、C++、Pascal、資料結構」。
- ❑ Windows 時代：「Windows Programming 使用 C、Visual Basic」。
- ❑ Internet 時代：「網頁設計使用 HTML」。
- ❑ 大數據時代：「R 語言邁向 Big Data 之路」。
- ❑ AI 時代：「機器學習 Python 實作」。
- ❑ 通用 AI 時代：「ChatGPT、Copilot、無料 AI、AI(職場、行銷、影片、賺錢術)」。

作品曾被翻譯為簡體中文、馬來西亞文，英文，近年來作品則是在北京清華大學和台灣深智同步發行：

1：C、Java、Python、C#、R 最強入門邁向頂尖高手之路王者歸來
2：Python 網路爬蟲 / 影像創意 / 演算法邏輯思維 / 資料視覺化- 王者歸來
3：網頁設計 HTML+CSS+JavaScript+jQuery+Bootstrap+Google Maps 王者歸來
4：機器學習基礎數學、微積分、真實數據、專題 Python 實作王者歸來
5：Excel 完整學習、Excel 函數庫、AI 助攻學 Excel VBA 應用王者歸來
6：Python x AI 辦公室自動化之路
7：Power BI 最強入門 – AI 視覺化 + 智慧決策 + 雲端分享王者歸來
8：無料 AI、AI 職場、AI 行銷、AI 繪圖、AI 創意影片的作者

他的多本著作皆曾登上天瓏、博客來、Momo 電腦書類，不同時期暢銷排行榜第 1 名，他的著作特色是，所有程式語法或是功能解說會依特性分類，同時以實用的程式範例做說明，不賣弄學問，讓整本書淺顯易懂，讀者可以由他的著作事半功倍輕鬆掌握相關知識。

ChatGPT 全新功能

4o/o1/o3、Reason、Search
Canvas、Projects、Voice、Sora
推理、搜尋、畫布、專案、語音、視訊、影片
開創 AI 無限可能

序

隨著人工智慧技術的飛速發展，ChatGPT 逐步成為我們日常生活與工作的得力助手，從文字生成到圖像創作，從搜尋網頁到專案管理，它正為各行各業開啟無限可能。2024 年 12 月 5 日起連續 12 天全新功能登場，甚至也預告了 ChatGPT o3/o3-mini 的上市。ChatGPT 用全新的功能和突破性的技術，重新定義了我們對 AI 的期待，也因此這段期間筆者全新投入撰寫自從 ChatGPT Omni 以來新功能的詮釋，期待可以幫助讀者更完整掌握 AI 的浪潮。

這本書的誕生，旨在幫助讀者全面掌握 ChatGPT 的全新功能，無論您是技術專家還是 AI 愛好者，都能從中找到靈感，探索 AI 如何融入您的專業領域，甚至改變您的生活方式。本書涵蓋了下列全新功能：

- 「o1」、「o3」的推理 (Reason)：推理能力與方式，以及與 4o 的比較。
- 進階語音模式 (Advanced Voice Mode)：語音與視訊功能，提升溝通效率。
- 搜尋 (Search)：搜索網頁的高效應用。
- 畫布 (Canvas) 寫作應用：ChatGPT 協同寫作的全新體驗。
- 畫布 (Canvas) 程式設計：ChatGPT 助攻 Python 與其他程式語言設計。
- DALL-E：AI 繪畫與局部修圖功能。
- 專案 (Projects) 管理：系統化工作管理。
- 圖表製作：數據視覺化的技巧，智慧圖表生成，提高商業應用價值。
- Sora：創意影片生成，展示了如何利用 ChatGPT 開創全新的工作與創作模式。

　　本書起始章節將帶您從新介面入手，熟悉 ChatGPT 的每一個細節與強大功能。而最後一章畫布 (Canvas) 助攻 Python 程式設計，將為您展示如何在 AI 的幫助下協同設計程式。這 10 章內容結構清晰，步步深入，讓您輕鬆掌握每一項技術，並將其靈活應用於您的日常需求。

　　我們正處於一個 AI 蓬勃發展的時代，這不僅是技術的革新，更是一場創意的革命。讓我們透過這本書，共同探索 ChatGPT 帶來的無限可能，成為這場變革中的引領者！編著本書雖力求完美，但是學經歷不足，謬誤難免，尚祈讀者不吝指正。

洪錦魁 2025/1/5

jiinkwei@me.com

讀者資源說明

　　本書籍的 Prompt、實例或部分作品可以在深智公司網站下載。

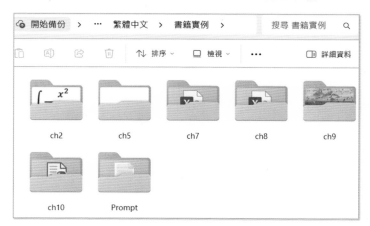

　　特別說明：本書部分實例透過網址分享，若該網址已被原廠移除，則將無法進行瀏覽。

臉書粉絲團

　　歡迎加入：王者歸來電腦專業圖書系列

　　歡迎加入：MQTT 與 AIoT 整合應用

　　歡迎加入：iCoding 程式語言讀書會 (Python, Java, C, C++, C#, JavaScript, 大數據, 人工智慧等不限)，讀者可以不定期獲得本書籍和作者相關訊息。

　　歡迎加入：穩健精實 AI 技術手作坊

目錄

目錄

第 1 章

ChatGPT 新介面深度探索

本書的目的是針對 2024 年 5 月 OpenAI 公司發表 ChatGPT 4 Omni 功能後，至 2025 年 2 月之間所有新功能做解說，因此本章重點在說明 ChatGPT 的新介面功能。

1-1　ChatGPT「o1」和「o3」的誕生與願景

隨著人工智慧技術的發展，用戶對 AI 模型的需求不斷提升，尤其是在推理能力、複雜問題解決以及多層次思考方面。OpenAI 希望開發一個能夠模仿人類邏輯思考過程的 AI 模型，2024 年 9 月首次推出了名為「o1-preview」的模型，該模型專注於解決複雜問題，特別在數學、程式設計和資料科學等領域表現出色。隨後，在 2024 年 12 月 5 日，OpenAI 正式發佈了 o1 模型的完整版本，取代了之前的預覽版，代表其在 AI 推理技術上的新高度。

1-1-1　命名靈感

「o1」與「o3」的名稱可能來自以下靈感：

- 計算複雜度符號「O(1)」：表示「常數時間複雜度」，象徵模型處理問題時能以高效率提供答案。

- 「Origin 1」(起點 1 號)：暗示這是 OpenAI 在強化推理和決策 AI 領域的新起點，或是說版本編號，可以參考 1-2 節。

- 「o3」：OpenAI 在推出新一代推理模型時，直接跳過了「o2」的命名，選擇了「o3」。根據 OpenAI 公司執行長 Sam Altman 的說法，這一命名決定主要是為了避免與西班牙電信業者 Telefónica 在歐洲地區推行的 O2 網路服務名稱重複。此外，Sam Altman 也幽默地提到，這反映了 OpenAI 在命名方面的獨特風格。

1-1-2　技術挑戰與創新

- 多層次推理：為了實現更深層次的推理，「o1」或是新版「o3」不僅僅進行資料分析，還能推斷和預測未來可能性。

- 專業應用場景：該模型能夠處理從簡單的日常問題到科學研究、數學推理和程式編寫等專業需求。

1-1-3 發佈意義

「o1 」或是「o3」的推出代表了 OpenAI 在人工智慧演算法設計上的一個重要轉折點，從原本的資料生成轉向以推理能力為核心的技術研發，讓 AI 更接近於人類的深度思考和決策能力。

1-1-4 總結

「o1」或是「o3」 的發表，可以突顯 OpenAI 追求技術創新的歷程，展示其在推理模型設計中的願景與成就。這不僅是 AI 技術的一大進展，更標誌著未來在解決複雜問題上的巨大潛力。

1-2 版本標記與升級策略

「o1」中的 「1」不僅僅表示版本號，還可能具有更深層次的象徵意義。根據 AI 和科技領域的命名慣例，以下是一些可能的解釋：

❑ **版本標記**

「1」可能表示 第一代模型，表明這是該系列的首個版本，預計 2025 年 1 月底推出「o3-mini」等後續版本。

❑ **技術層次的隱喻**

在 計算複雜度 中，O(1) 代表常數時間運算，即無論數據量多大，計算時間始終維持穩定，象徵高效能和快速回應。

❑ **起點象徵**

「1」可以象徵新起點或第一個里程碑，標誌著 OpenAI 在推理和深度學習技術上的重大進步。

❑ **模型等級標記**

在 AI 模型系列中，「1」可能是該系列的基本版本，未來可能會推出更高等級的「o」版本，代表功能增強和性能提升。

　　雖然 OpenAI 尚未明確解釋「o1」中「1」的具體含義，但根據技術命名慣例，它可能同時具有版本標記、性能象徵和技術起點的多重意義，強調模型的高效推理和創新能力。

1-3 「o1」~「o3」家族的發表歷程與功能演進

　　OpenAI 分階段推出了 o1 系列模型，包括 o1-preview、o1-mini 和 o1 正式版，然後預計在 2025 年推出 o3-mini 和 o3，旨在逐步引入強化推理能力的 AI 模型，以滿足不同用戶需求。

❑　**發佈時間**

- o1-preview 和 o1-mini：於 2024 年 9 月 12 日向 ChatGPT Plus 用戶和團隊用戶發佈。
- o1 正式版：於 2024 年 12 月 5 日正式推出，取代原先的 o1-preview 版本。
- o3-mini：於 2025 年 1 月推出。
- o3：預計於 2025 年 2 月推出。

❑　**多樣化模型選擇**

- o1-preview：作為完整模型「o1」的早期版本，旨在正式推出前進行全面測試，收集用戶反饋以進一步優化模型性能。「o1」正式發表後，「o1-preview」版本已經功成身退了。
- o1-mini：專注於在不犧牲太多性能的前提下，提供更高的計算效能和處理速度，適合需要快速回應的應用場景。

❑　**2024 年 12 月 20 日 OpenAI 公司記者會**

　　OpenAI 於 2024 年 12 月 20 日宣布了新一代推理模型 o3 和 o3-mini。目前，這些模型正處於內部安全測試階段，並開放外部研究人員申請參與測試，申請截止日期為 2025 年 1 月 10 日。根據 OpenAI 公司執行長 Sam Altman 的說法，o3-mini 預計將於 2025 年 1 月底向公眾發佈，隨後推出完整的 o3 模型。

　　o3 系列模型旨在提升 AI 的推理能力，能夠處理更複雜的任務，如高級數學和科學問題。然而，這些增強的能力也帶來了更高的計算成本和時間。例如，在某些高效能

配置下，o3 模型每個任務的成本可能達到 20 美元，平均完成時間約為 1.3 分鐘。因此，OpenAI 同時開發了 o3-mini，作為 o3 的精簡版本，提供更高的成本效益，適合需要可靠 AI 輸出的應用場景。

總而言之，o3 系列模型的推出計劃如下：

● 2025 年 1 月底：發佈 o3-mini 模型。
● 2025 年初：發佈完整的 o3 模型。

目前，OpenAI 正積極進行內部測試，並邀請外部研究人員參與，以確保這些模型在公開發佈前的安全性和可靠性。

1-4 ChatGPT「o」版本的進階推理技術解析

ChatGPT「o」版本是 OpenAI 公司目前最先進的交談模型，目前除了「o1」或「o3」外，有「o1-mini」或「o3-mini」變體。「o1」或「o3」主要是增強推理能力，「o1」或「o3」系列模型在回答問題前進行「思考」，能夠將複雜問題拆解為可執行的步驟，特別在科學、數學和程式設計等領域表現優異。

OpenAI 公司於 2024 年 5 月推出了「4o」後，當年 7 月推出簡化版的「4o-mini」免費用戶使用。讀者可以將「o1-mini」或「o3-mini」想成簡化能力版的「o1」或「o3」，更多細節可以參考 1-4-2 節。估計這是未來 OpenAI 公司預計要提供給免費用戶使用的交談模型。

下列將分成 3 個小節介紹「o1」、「o1-mini」、「o3」和「o3-mini」。

1-4-1 ChatGPT o1

ChatGPT 的「o1」版本是一個新推出的模型，具有多項顯著特色，以下是其主要特點：

● 模擬人類思考：o1 版本能夠模擬人類的思考方式，特別在需要邏輯推理的任務中表現優異。這使得它在處理複雜問題時的準確性大幅提升。
● 提升的推理能力：o1 在數學、物理和程式碼等專業領域的成功率顯著提高，尤其在面對學術性難題時，其正確率達到 83%，遠超過先前的 GPT-4 模型。

- 速度與效率：雖然 o1 在某些情況下回答速度較慢，但其回答的準確性和邏輯性得到了加強，特別是在高級推理和科學計算方面。

- 多模態支持：新版本增強了圖像識別和推理能力，未來計劃增加網頁瀏覽功能，使其應用場景更加多元化。

- 用戶體驗：用戶可以透過 ChatGPT 介面選擇「o1」模型進行互動，目前此版本已經開放給 Plus 和 Team 用戶使用，並計劃全面推廣。

- 解決幻覺問題：o1 版本在減少 AI 生成內容中的幻覺問題方面表現出色，這對於提高用戶信任度至關重要。

　　總結來說，ChatGPT o1 版本不僅在邏輯推理和專業領域的表現上有顯著提升，還在用戶體驗和功能多樣性上進行了優化，使其成為一個更強大的 AI 工具。

註 目前對 ChatGPT Plus 的使用者，每週 o1 模型限 50 條訊息。若需更多存取權限與無限功能，可升級至 ChatGPT Pro。

1-4-2　ChatGPT o1-mini

ChatGPT 的「o1-mini」版本具有以下特色：

- 輕量化設計：o1-mini 是一個更小、更便宜的模型，專為需要推理但不需要掌握廣泛知識的任務而設計，適合於一些簡單或特定的應用場景。

- 成本效益：相較於 o1 版本，o1-mini 的使用成本降低了約 80%，這使得其在價格上對開發者和企業用戶更具吸引力。

- 推理能力：儘管是輕量級模型，o1-mini 仍具備良好的推理能力，能夠有效處理需要邏輯思考的任務，如程式碼生成和簡單的數據分析。

- 使用限制：o1-mini 每週有 50 條訊息的使用限制 (OpenAI 公司可能隨時更新此限制)，這意味著用戶在使用時需考量到其訊息配額。

- 不支持多模態：目前 o1-mini 仍然是純文字模型，無法進行圖像或文件分析，也不支援網頁搜尋功能。

- 適用範圍：此版本特別適合用於程式碼生成、簡單的文字處理和其他不需要深度知識的任務，提供了一個高效且經濟的選擇。

總結來說，ChatGPT o1-mini 版本是一個針對特定需求進行優化的輕量級模型，旨在提供高效且經濟的 AI 解決方案。

1-4-3   ChatGPT o3 和 o3-mini

依據 OpenAI 公司記者會消息，o3 模型有多項新功能和顯著的性能提升。以下是 o3 模型的主要特色：

- 思維鏈技術（Chain of Thought）：o3 模型依然運用思維鏈技術，這使其在推理過程中能夠更有效地進行邏輯推理和問題解決，從而提高準確性。

- 調整推理時間：o3 引入了自適應思考時間（Adaptive Thinking Time）API，允許用戶根據需求選擇低、中、高三種不同的推理模式。這意味著用戶可以根據任務的複雜程度調整模型的運算和思考時間，以獲得最佳的性能表現。

- 性能提升：o3 在多個基準測試中表現優異。例如，在軟體工程方面，其準確度達到 71.7%，比 o1 模型高出約 23 個百分點。此外，o3 在數學和博士級科學問題的回答上也顯示出更好的能力。

- 接近通用人工智慧（AGI）：o3 模型在 ARC-AGI 測試中得分最高可達 87.5%，顯示出其在某些任務上接近人類智慧的水平，這被視為通用人工智慧的一個重要里程碑。

- 多模態交互：o3 支持語音對話功能，用戶可以透過線上版本或撥打電話與 ChatGPT 進行語音互動。此外，ChatGPT Plus 和 Pro 訂閱者還能開啟視訊功能，使得 ChatGPT 能根據眼前實景進行互動。註：o1 版已經可以用手機完成視訊互動。

- 即將推出的 o3-mini：o3 系列還包括一個精簡版的 o3-mini，預計在 2025 年 1 月推出。此版本將針對特定任務進行微調，以提供更靈活的使用選擇。

總結來說，ChatGPT 的 o3 模型不僅提升了推理能力和準確性，還引入了新的交互方式和自適應功能，使其成為一個更強大且靈活的 AI 助手。

1-5　探索全新 ChatGPT 介面設計

進入 ChatGPT 環境可以看到下列視窗。

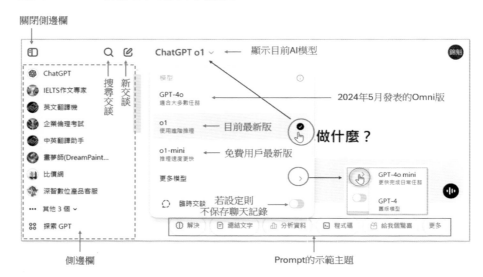

上述可以看到 ChatGPT 各種版本選項，視窗幾個功能說明如下：

❏　關閉側邊欄

點選關閉側邊欄圖示 ⊞ ，可以關閉側邊欄。此時圖示變成 ⊞ ，這個圖示稱開啟側邊欄圖示，點選可以開啟側邊欄。

❏　搜尋交談

點選搜尋交談圖示 Q ，可以搜尋先前的對話，細節可以參考 1-6 節。

❏　新交談

點選新交談圖示 ✍ ，可以建立新的交談。

1-5-1　4o 版本

4o 版本是 2024 年 5 月發表的 ChatGPT，這個版本目前仍舊是最受歡迎的 ChatGPT 版本。在此版本下，可以充分應用下列功能。

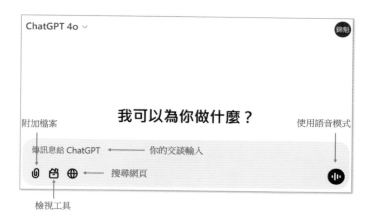

- 附加檔案 🔗：這是先前 Omni(或更早的 Turbo) 版本就有的功能，我們可以輸入各式文件，例如：「.txt」、「.pdf」、「.csv」、「.docx」、「.xlsx」... 等，讓 ChatGPT 解析。

- 搜尋網頁 🌐：這個功能可以稱「ChatGPT 搜尋」。過去與 ChatGPT 交談，ChatGPT 用已經訓練好的資料回應我們，因有資料庫的訓練時間限制。這個功能可以讓我們以交談方式，獲得想要的功能，更多細節將在第 4 章說明。註：在 o1 版本的 ChatGPT 是無法使用搜尋網頁功能。

- 檢視工具 📇：點選這個檢視工具圖示，可以看到下列畫面，相當於可以在此檢視工具環境執行：圖像 (使用 DALL-E)、搜尋 (搜尋網路資料)、推理 (使用 o1) 與畫布 (協作寫作和程式碼) 功能。

從上述我們可以了解，即使我們最初使用的 AI 交談模型是 ChatGPT 4o 版本，仍可以在檢視工具，暫時切換成 ChatGPT o1 版本繼續交談。

1-5-2　「o1」或「o3」版本

這個「o1」版本是模擬人類的思考方式的 AI 交談模型，選擇此模型後，如果點選檢視工具將看到下列畫面：

選擇 ChatGPT 的「o1」版本後無法使用一些功能，例如「搜尋」、「繪圖」、「畫布」，主要是因為這個版本在設計上有特定的限制和特性。以下是相關的原因：

● 功能限制：o1-preview 和 o1 版本在推出時就已經預告會有一些功能限制，包括無法圖片生成，以及無法進行網路搜尋。這意味著用戶在使用這些版本時，不能享受某些功能，這是 OpenAI 在模型設計上的考量。

● 運算資源需求：「o1」版本強調其推理能力和思考過程，這需要較多的運算資源，因此在某些功能上進行了取捨，以確保模型能夠高效運行並提供更高質量的回答。

● 逐步推出：OpenAI 計劃在未來逐步補充這些功能，這表示用戶可能在未來的更新中能夠獲得更多的功能和選項，但目前仍需等待進一步的開發和測試。

● 用戶需求：「o1」版本主要針對需要深入分析和邏輯推理的任務，這使得它更適合於某些專業應用，而不是一般性的搜尋需求。

總結來說，選擇「o1」版本後無法使用某些功能是由於設計上的限制和對運算資源的考量，OpenAI 正在持續改進以滿足用戶需求。

1-6　智慧搜尋交談記錄

筆者是重度的 ChatGPT 使用者，用久了會有一系列的交談記錄，如下所示：

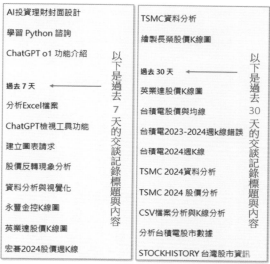

在沒有「搜尋交談 Q 」功能前，想要找過去的交談標題或是交談內容，必須不斷的捲動側邊欄搜尋，現在可以用類似使用 Office 的搜尋功能尋找了。「搜尋交談」是一項新功能，允許用戶搜尋先前的交談記錄，以便快速找到重要資訊或回顧過去的對話。這項功能的主要特點包括：

- 快速檢索：用戶可以在當前對話中快速搜尋過去的交談內容，這使得查找特定訊息或回顧先前的討論變得更加方便。

- 關鍵字搜尋：用戶只需輸入關鍵字或短語，系統會自動篩選出相關的對話段落，幫助用戶迅速找到所需的訊息。

- 提高效率：這項功能特別適合長對話或多主題討論的情況，能夠節省用戶翻閱歷史聊天記錄的時間，提高訊息檢索的效率。

- 使用便捷：用戶界面設計簡單直觀，讓使用者能輕鬆上手，不需要額外的學習成本。

- 增強互動性：透過快速檢索過去的對話內容，用戶可以更好地延續討論，進行更深入的交流。

　　總結來說，「搜尋交談」功能為用戶提供了一種方便快捷的方法來管理和檢索聊天記錄，提升了整體使用體驗。這項功能特別適合需要長時間交流或多次回顧訊息的用戶。

實例 1：搜尋「黃金交叉」，請點選圖示 Q。

輸入「黃金交叉」後，可以得到依據時間，由近到遠的排序結果。

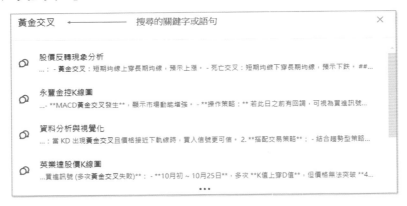

　　這個搜尋功能也接受多個關鍵字或語句，可以提高搜尋的精準度。

實例 2：用「黃金交叉」和「台積電」做搜尋。

從上述可以看到搜尋範圍更小，更精準了。

1-7　翻譯與分析網頁內容

曾經一度在 ChatGPT 無法摘要網頁內容，現在已經解禁了。

1-7-1　摘要與分析美國聯準會網頁

美國聯準會是美國的中央銀行，其決策往往對全球經濟產生深遠影響。作為一名出色的財務專業人士，建議隨時關注聯準會的公告與政策動向，以掌握市場脈動並做出明智的財務決策。有一則聯準會公告消息如下：

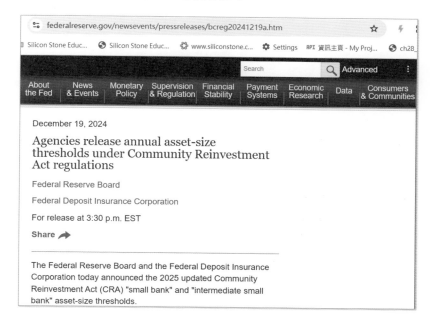

實例 1：翻譯美國的聯準會新聞，請複製網址，然後輸入如下：

「請翻譯下列網址內容為中文

https://www.federalreserve.gov/newsevents/pressreleases/bcreg20241219a.htm」。

請翻譯下列網址內容為中文
https://www.federalreserve.gov/newsevents/pressreleases/bcreg20241219a.htm

美國聯邦準備理事會（Federal Reserve Board）於2024年12月19日發布公告，根據《社區再投資法》（Community Reinvestment Act，CRA）規定，公布了適用於2025年的年度資產規模門檻。

CRA要求聯邦金融監管機構每年調整小型和中型銀行的資產規模分類，以反映全國年均家庭收入的變化。

根據最新公告，小型銀行的資產上限從14.6億美元提高至15.0億美元；中型銀行的資產範圍則從14.6億美元至48.4億美元，調整為15.0億美元至49.5億美元。

這些新的資產規模門檻將於2025年1月1日生效。

CRA旨在鼓勵受監管的金融機構滿足其所服務社區的信貸需求，特別關注低收入和中等收入地區。

有關此次公告的更多詳情，請參閱聯邦準備理事會的官方新聞稿：

實例 2：分析聯準會的公告，請輸入「請說明上述聯準會公告對經濟的影響」。

請說明上述聯準會公告對經濟的影響

聯準會（Federal Reserve）這份公告的經濟影響主要體現在**社區發展和金融機構的運營規模**上，以下是一些關鍵的分析點：

1. 促進小型銀行和中型銀行的競爭力

- **資產門檻的提高：**
  - 小型銀行的資產上限提高至15.0億美元，中型銀行的範圍擴大至49.5億美元。
  - 這意味著更多銀行將被歸類為「小型」或「中型」銀行，這些銀行可能有資格享受更寬鬆的監管要求。
- **影響小型銀行的成本負擔：**
  - 小型和中型銀行通常在監管上負擔較 ↓ 因此提高門檻可以幫助這些銀行減少合規成本，將更多資源投入到放貸和社區發展中。

2. 對社區再投資的影響

- 提高低收入和中等收入地區的融資可得性：

    - 《社區再投資法》（CRA）鼓勵銀行向低收入和中等收入社區提供信貸支持。

    - 調整門檻後，更多銀行可能被要求報告其社區再投資的活動，進一步支持經濟發展和住房改善。

3. 支持地方經濟增長

- 更多貸款流向中小型企業：

    - 小型和中型銀行在地方經濟中扮演關鍵角色，特別是對中小型企業和個人放貸。

    - 藉由減輕監管負擔，這些銀行能更積極地為地方經濟提供資金支持，從而促進就業和創新。

- 促進住房融資：

    - CRA的重點之一是改善住房融資的可得性，特別是低收入地區。這可能間接支持房地產市場的穩定。

4. 對大型銀行的影響較小

- 大型銀行並不受這些資產門檻的直接影響，因為它們超出了「中型銀行」的範疇。但提高門檻可能略微改變小型和大型銀行之間的競爭格局。

5. 經濟風險的平衡

- 潛在的風險：

    - 如果銀行為了符合較低的監管標準而調整其業務結構，可能會出現一些資產管理上的挑戰。

    - 過度放貸或對高風險客戶的信用支持可能帶來系統性風險。

- 監管機構的應對措施：

    - 聯準會會定期檢查這些銀行的運營情況，確保金融穩定。

總結

這份公告旨在讓更多金融資源流向需要支持的社區，同時減輕小型和中型銀行的監管負擔，從而促進地方經濟增長。長期來看，這將對美國經濟的**包容性增長**起到正面作用，但需要注意適度監管以平衡風險和成長的關係。

　　ChatGPT 對聯準會公告的分析展現了其對經濟政策和金融影響的深刻理解。文章從資產門檻調整入手，探討對小型和中型銀行競爭力的提升以及對低收入社區融資的支持，同時提及政策潛在的經濟風險和平衡監管的重要性。分析邏輯清晰，重點突出，對政策影響的長短期效果均有涵蓋。

1-7-2　閱讀 USATODAY 新聞

這一節是閱讀 USATODAY 美國每日新聞，由一則網路新聞如下：

註　上述畫面取材自 USATODAY 網頁

實例 1：翻譯 USATODAY 網路新聞，請輸入下列內容：

「請翻譯下列網址內容

https://www.usatoday.com/story/news/politics/elections/2024/12/20/congress-bill-avoids-government-shutdown/77105662007/」。

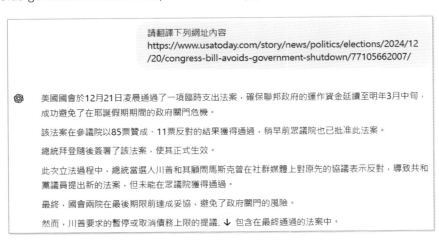

1-8 打電話與 ChatGPT 進行對話

OpenAI 於 2024 年 12 月 18 日推出了一項新功能，允許用戶透過撥打電話與 ChatGPT 進行對話，即使在沒有網路連線的情況下，也能使用此服務。

❑ **主要功能**

● 電話交談：美國用戶可撥打免付費電話號碼 1-800-CHATGPT（1-800-242-8478），直接與 ChatGPT 進行語音對話。

● WhatsApp 聊天：全球用戶可在 WhatsApp 上添加相同的號碼，透過文字訊息與 ChatGPT 互動。

❑ **使用限制**

● 通話時長：每個電話號碼每月可免費通話 15 分鐘。

● WhatsApp 訊息： 每日訊息數量有限制，具體數量未明確公布。

❑ **隱私與安全**

OpenAI 表示，通話和訊息內容可能會被審查以確保安全，但不會用於訓練 AI 模型。

❑ **注意事項**

● 在使用電話服務時，建議處於安靜環境，以確保語音識別的準確性。

● WhatsApp 互動目前僅支援文字訊息，無法傳送圖片、語音訊息或進行語音通話。

此功能的推出，擴大了 ChatGPT 的使用場景，讓用戶在無網路連線的情況下，也能透過傳統電話或 WhatsApp 與 AI 助手互動。

1-9 ChatGPT Pro 版與升級方案詳解

ChatGPT Pro 版是 OpenAI 公司於 2024 年 12 月推出的高級訂閱方案，月費為 200 美元。這個方案專為需要高效推理和進階功能的專業用戶設計，特別適用於數學、程式設計和寫作等領域的重度使用者。以下是 ChatGPT Pro 的主要特色：

- 無限制存取最先進的模型：例如：OpenAI o1(或是 o3)、GPT-4o 和 o1-mini(或是 o3-mini)。
- o1 Pro(或 o3 Pro) 模型：此版本的 o1(或是 o3) 模型使用更多計算資源，能夠更深入思考，為最具挑戰性的問題提供更佳的答案。
- 進階語音功能：提供更自然的即時語音對話，允許用戶隨時打斷，並能感知和回應用戶的情緒，提升互動體驗。
- 未來功能擴展：OpenAI 計劃在此方案中添加更多強大且計算密集的生產力功能，以滿足專業用戶的需求。

總而言之，ChatGPT Pro 旨在為需要高效推理和進階功能的專業用戶提供更強大的工具和更靈活的使用體驗。點選 ChatGPT 視窗右上方的帳號，可以看到升級方案：

點選升級方案後，可以看到下列畫面：

讀者可以依據個人的使用需求，決定是否訂閱 ChatGPT Pro 方案。

第 2 章

ChatGPT「o」版本 推理場景的多元應用

　　ChatGPT o 版本 (代表 o1 或是 o3) 是目前 ChatGPT 最新的語言模型，強調「推理 (reason)」與「高精度」數據處理功能。經過筆者測試，在一般交談情境，其實 ChatGPT 4o 版本已經足夠，甚至表現得比「o」版本要好，所以不建議刻意使用「o」版本。

　　這本書的書名，有一個主題是「Reason」，指的就是「o」版本的推理場景。

　　但是在需要複雜計算與推理應用的場景，「o」會先做深層思考，甚至列出思考所花的時間，在複雜問題處理上「o」版本的確是比較好的 AI 模型。下列將先解說 2 個 AI 交談模型的差異，然後分成 3 節做解說「o」版本模型場景的應用。這些場景展示了「o」版本模型的深度推理與計算能力，特別適用於數據密集、推理複雜和需要高精度解決方案的應用場合。相比之下， ChatGPT 4o 更適合日常對話和一般知識查詢。

2-1　深度交談 – ChatGPT「o」與 4o 回應差異解析

　　這一節將對比 ChatGPT 「o」版本 與 ChatGPT 4o 版本的回應差異，然後總結優缺點比較，最後給讀者未來應用的建議。

1. 回應的邏輯與深度

比較項目	ChatGPT 「o」版本	ChatGPT 4o 版本
回應邏輯	強調「全面性」與「系統化」，邏輯嚴謹且結構完整，包含背景分析、現狀評估、技術策略與未來規劃。	注重「快速解決方案」與「重點回應」，直切問題核心，回應清晰且易懂。
分析深度	提供更深入的分析，例如市場趨勢、技術瓶頸、創新設計與前瞻性建議。	提供重點解法，快速提供執行方案，強調易落地與可行性。
回應結構	分層細化，包含背景資料、問題分析、技術優化、長期策略，適合專業研究或決策參考。	條理清晰但結構較簡單，著重於「解法」或「執行步驟」，快速回應需求。

　　筆者評論：

● ChatGPT 「o」：回應結構完整，適合複雜、需深入討論的問題，能夠提供背景知識與未來策略。

● ChatGPT 4o：側重於快速回應和具體解法，更符合時間有限或尋求直接答案的使用者需求。

2. 技術性問題的回應

比較項目	ChatGPT「o」版本	ChatGPT 4o 版本
技術專業度	對技術問題的解答較為全面，涵蓋現有技術標準、創新設計與未來趨勢。	主要提供針對性的解法或優化建議，適合初步解決技術需求。
實例與應用	提供具體實例，並擴展應用場景，如整合不同技術或未來發展建議。	提供簡單直接的實例，著重於現有問題的解決，不過於延伸。
技術指標與數據	注重數據支撐，例如性能指標、模型效能評估、參考最新研究等。	側重具體目標達成，較少涉及全面的技術評估或指標分析。

筆者評論：

- ChatGPT「o」：適合高度技術性討論，尤其是需要全面評估與深入分析的場景。
- ChatGPT 4o：適合提供直接且實用的技術解決方案，適合工程實作與概念驗證階段。

3. 回應的速度與互動

比較項目	ChatGPT「o」版本	ChatGPT 4o 版本
回應速度	因內容全面且深入，回應時間相對較長。	提供快速回應，側重於立即滿足使用者的需求。
互動方式	更傾向於引導使用者深入思考，會提供背景知識並詢問需求細節。	回應直接且迅速，快速聚焦問題，適合簡單互動與快速討論。

筆者評論：

- ChatGPT「o1」：回應速度較慢，但提供的內容有助於深入學習或研究。
- ChatGPT 4o：更注重回應效率，適合需要即時解決問題的場景。

4. 適用場景比較

適用情境	ChatGPT「o」版本	ChatGPT 4o 版本
高層決策支援	適合提供完整的分析報告與長期發展規劃。	提供重點決策建議，適合短期策略擬定。
技術研究與創新	適合深入探討技術方案、性能優化與創新設計。	適合概念驗證與技術解法的快速構建。
即時問題解決	提供背景分析與多面向解法，適合逐步拆解複雜問題。	提供快速、直接的解決方案，適合時間有限的任務。
一般用戶需求	提供更豐富的資訊與知識背景，提升學習與理解效果。	以快速且簡潔的回應滿足用戶需求，易於理解與執行。

5. 綜合優缺點

比較項目	ChatGPT「o」版本	ChatGPT 4o 版本
優點	提供深入分析，適合專業討論與決策支援。	回應迅速且聚焦問題，適合解決具體需求。
缺點	回應時間較長，內容可能過於複雜。	分析深度較淺，較少延伸討論與背景提供。

總結建議：

- ChatGPT「o」：適合需要深入討論、背景分析與長期策略的場景，例如技術研發、企業決策支援或學術研究。
- ChatGPT 4o：適合需要快速回應、即時解決問題的場景，例如工程實作、問題修正或概念驗證。

根據使用者的需求，兩者各具優點：若重視深度與全面性，推薦 ChatGPT「o」版本。若重視速度與實用性，則推薦 ChatGPT 4o。

2-2　策略規劃與決策建議

在企業策略規劃、商業計劃與市場分析上，「o」版本可以提供更深入的決策支援，細節可參考下列主題：

- 深度推理與分析：提供多層次市場分析，能夠進行競爭對手比較、「PESTEL」(政治 Political、經濟 Economic、社會 Social、科技 Technological、環境 Environmental、法規 Legal) 分析與市場趨勢預測。
- 數據驅動的決策支援：能夠從市場數據和財務報表中推導出具體的決策建議，例如銷售預測與市場佔有率分析。
- 多層次情境模擬：提供市場進入策略的多場景模擬與風險評估，幫助企業降低決策風險。

實例 1：一家科技公司計劃進入智慧家居市場，需要分析市場環境，擬定競爭策略，並提出具體的商業計劃。管理層希望獲得深入的市場洞察與決策建議

❏ ChatGPT 4o 規劃

> 一家科技公司計劃進入智慧家居市場,需要分析市場環境,擬定競爭策略,並提出具體的商業計劃。管理層希望獲得深入的市場洞察與決策建議。

要協助這家科技公司進入智慧家居市場並成功制定商業計劃,可以按照以下步驟進行全面分析與策略擬定:

一、智慧家居市場環境分析

1. 市場趨勢

- 智慧家居市場快速增長,涵蓋智能照明、安防、智慧音響、溫控系統、健康監測等領域。

- 消費者需求傾向:便利性、節能環保、數據互聯、安全性。

- 5G、AIoT、物聯網和語音助理技術進步加速市場發展。

- **統計支持**:根據全球報告,智慧家居市場規模預計在2027年達到千億美元。

2. 目標客戶與使用場景

- **客戶群體:**

    - 追求生活便利的中產階級家庭。

    - 年輕科技愛好者和智能設備使用者。

    - 企業及高端住宅物業管理。

- **使用場景:**

    - 智慧安全防護(智能門鎖、監控攝像頭)。

    - 節能控制(智能燈光、恆溫系統)。

    - 娛樂與健康(智慧音響、睡眠追蹤、健康監測)。

3. 競爭者分析

- **主要競爭者：**
  - 國際品牌：Google Nest、Amazon Alexa、Apple HomeKit。
  - 本土競爭者：小米、華為、阿里巴巴。
- **競爭優劣勢分析：**
  - 國際品牌技術領先，但價格較高。
  - 本土品牌注重性價比，適應市場需求，但產品創新較受限。
- **潛在競爭壁壘：**
  - 產品標準與平台互聯性。
  - 品牌信任度和用戶體驗。

二、SWOT分析

項目	內容
優勢 (S)	技術研發實力強、現有客戶基礎、資源整合能力。
劣勢 (W)	市場知名度較低、缺乏智慧家居生態鏈整合經驗。
機會 (O)	消費升級、IoT需求增長、5G技術普及，智慧家居滲透率提升。
威脅 (T)	市場競爭激烈、行業標準分散、產品價格競爭壓力大。

三、競爭策略擬定

1. 差異化策略

- 提供整合型智慧家居系統，重視多設備互聯與無縫體驗。
- 強調資料安全性，採用加密技術提升用戶信賴。
- 針對特定目標客戶設計**個性化場景**：如長者健康照護、節能住宅解決方案。

2. 定價策略

- **入門產品線**：提供價格親民的基礎智慧家居設備，快速搶佔市場份額。
- **高階產品線**：針對高端市場，強調產品設計與技術創新。
- 採用**訂閱模式**：提供長期軟體更新和AI數據服務。

3. 市場推廣策略

- **品牌定位**：強調科技賦能、便利生活，打造智慧家庭體驗。
- **線上推廣**：運用社交媒體、KOL和數位廣告，提升品牌聲量。
- **線下體驗**：設立智慧家居體驗館，讓客戶親身感受產品的便捷性。
- **合作夥伴**：與房地產開發商、裝修公司、物業管理合作，提供整套解決方案。

四、具體商業計劃

1. 產品線規劃

- **核心產品**：
    - 智能門鎖、監控攝影機、智慧照明系統、智慧溫控器。
- **生態系統**：
    - 整合公司現有技術與雲端平台，提供**全屋智慧管理系統**。

2. 技術支援

- 利用AI與大數據分析，提供智能學習功能（如自動調整溫度、能源管理）。
- 推出專屬 App 平台，支援語音助理與多設備互聯。

3. 市場拓展時間表

- **第一階段（6個月）**：
    - 完成產品開發與測試，並選擇重點城市進行試點銷售。
- **第二階段（1年）**：
    - 大規模推廣，與戰略合作夥伴展開合作，佔領市場份額。
- **第三階段（2年）**：
    - 持續更新產品，構建完整的智慧家居生態系統。

4. 財務預估

- 初期投資包括研發、推廣及合作成本。
- 預估3年內收回成本並實現盈利，智慧家居生態帶來**穩定現金流**。

五、決策建議

1. **產品先行，生態加持**：通過推出差異化核心產品，逐步構建智慧家居平台與生態。

2. **用戶體驗至上**：以便利、安全、個性化為賣點，搶佔市場心智。

3. **合作共贏**：與物業管理、裝修公司及科技生態夥伴深度合作，加速市場滲透。

4. **強化品牌形象**：運用多渠道行銷，打造公司智慧家居領域的品牌價值。

這份分析涵蓋市場現狀、競爭策略與具體行動計劃，幫助公司管理層在智慧家居市場中找到最佳切入點並實現長期發展。如果需要更深入的財務預測或具體的產品技術規劃，我可以進一步協助！

❑ ChatGPT 「o」版本規劃

一家科技公司計劃進入智慧家居市場，需要分析市場環境，擬定競爭策略，並提出具體的商業計劃。管理層希望獲得深入的市場洞察與決策建議。

Thought about智慧家居市場分析 花的時間為 2 秒

以下為一套深入且系統化的分析與建議流程，包括市場環境評估、競爭策略擬定以及商業計劃提案，以供管理層參考。

一、市場環境分析 (Market Environment Analysis)

1. **宏觀環境 (PESTEL 分析)**

- **政治 (Political)**：
  檢視政府對智慧家居產品的法規、補貼或稅負政策，如智慧電表、節能家電的補助、物聯網安全法規要求。

- **經濟 (Economic)**：
  評估目標市場的整體經濟景氣度、消費者可支配所得、利率與貨幣匯率等。
  分析智慧家居市場預期成長率、平均消費水平以及成本結構。

- **社會 (Social)**：
  消費者對智慧家居的接受度、科技採用習慣、對數據隱私及安全的顧慮、對綠能與永續發展的重視程度。

- **科技 (Technological)：**
  相關技術成熟度（5G、Wi-Fi 6、Matter標準、人工智慧語音助理、邊緣運算）、生態系整合標準以及與其他智慧裝置的互操作性。

- **環境 (Environmental)：**
  消費者對綠色節能解決方案的需求、減碳政策促進綠色家電的推廣。

- **法規 (Legal)：**
  隱私保護相關的GDPR、CCPA合規要求，智慧家居產品認證與標準（如UL認證、FCC規範）。

2. **產業價值鏈分析**

   探討元件供應商、組裝代工、系統整合商、雲端服務商、應用軟體業者之間的合作模式與議價能力。

   評估提供全套系統解決方案(如硬體＋軟體＋服務)的可行性與門檻。

3. **市場規模與成長預測**

   研究市場研究機構(如Gartner、IDC)的報告與數據，確定全球與區域智慧家居的市場規模、年複合成長率(CAGR)、產品品類(智慧照明、安防系統、智慧溫控、智能家電、健康檢測等)之成熟度與未來需求動能。

4. **消費者洞察**

   - **目標客群界定：** 如中高所得家庭、數位原生族群、具生態系統綁定意識的用戶（已使用特定品牌手機、語音助理）。

   - **痛點與未滿足需求：** 使用智慧家居裝置的主要障礙（設定複雜度、裝置不兼容、安全性疑慮、維護成本），以及用戶最在意的價值（便利性、節能、省時、自動化場景體驗）。

二、競爭策略擬定 (Competitive Strategy Formulation)

1. **競爭者分析**

   - **直接競爭者**：國際品牌（如Amazon Echo、Google Nest、Apple HomeKit），以及本地智慧家居品牌。

   - **間接競爭者**：傳統家電廠商、單點智慧產品提供者(如單一智慧插座或燈光控制系統)。

   - 比較產品功能、價格策略、品牌形象、通路策略、售後服務、與其他產品/生態系統的整合度。

2. **差異化策略**

   - 從**生態系整合度**出發：能否成為多品牌、多設備整合平台，提供無縫的使用者體驗。

   - **資料分析與AI增值服務**：不僅「售產品，更可透過AI數據分析提供家庭能耗優化建議、安防預警、健康監測建議。

   - **品牌與信任建立**：以產品資訊安全、隱私保護、高品質服務，塑造值得信賴的品牌形象，避免消費者對智慧家居監控與個資外洩的疑慮。

   - **客製化與在地化**：針對不同市場提供語言、本地化內容與服務的深度客製，並與本地建商、室內設計師合作提供專案方案。

3. **成本領導或價值領導策略**

   - **成本面領導**：若目標是大眾市場，需打造可負擔的智慧家居產品線，透過規模經濟降低成本。

   - **價值面領導**：主打高端、整合性與獨特的體驗，以高單價但高附加價值的方式區隔市場。

4. **生態圈策略**

   與特定巨頭品牌或平台合作（與Alexa、Google Assistant兼容），或提供開發者介面（API/SDK）吸引第三方服務接入，加深使用者黏性與產品豐富度。

三、商業計劃書撰寫要點 (Business Plan Recommendations)

1. **公司定位與願景**

   明確闡述公司在智慧家居市場的定位（如高安全性、整合性生態方案提供者），並說明中長程發展目標。

2. **產品與服務組合**

   - **基本產品線**：智慧中控主機、相容的感應裝置(攝影機、溫控器、智慧插座、智慧門鎖、照明)。

   - **附加服務**：雲端備份、AI優化報告、24/7客戶服務熱線、技術人員上門安裝與教育訓練。

   - **升級路徑**：提供定期軟體更新、新增裝置支援、會員訂閱方案（如能耗報告、遠端管家服務）。

3. **市場進入策略**

   - **初始目標市場選定**：選擇最有利可圖且滲透率快速提高的區域市場（如北美或歐洲中高階住宅區）。

   - **行銷推廣**：與知名室內設計師、建設公司合作展示智慧家居示範屋。利用線上行銷、KOL 推薦、口碑行銷吸引早期採用者。

   - **分銷管道**：線上直營商城、電商平台、實體體驗店、經銷通路夥伴。

4. **財務規劃與預測**

   - 預估開發成本、硬體成本、行銷支出、品牌建立費用及售後服務支持成本。

   - 初期目標營收、毛利率、投資報酬率。

   - 設定三到五年財務目標(如年成長率、毛利率水準)，並考慮可能的資金籌措與合併併購機會。

5. **風險管理與備援方案**

- 技術風險：若技術標準快速更迭，須有快速調適能力。

- 安全與隱私風險：強化加密與端對端安全策略，及快速應對產品漏洞的緊急應變計劃。

- 合規與法規風險：確保律師團隊與合規部門持續跟進地區法規，嚴格遵循。

6. **執行與評估機制**

- 設定明確的KPI（如設備出貨量、顧客留存率、NPS顧客淨推薦分數、服務訂閱率）。

- 定期檢討與修正策略，根據市場回饋及技術變革進行動態優化。

總結

透過上述的分析架構，管理層可以獲得對智慧家居市場的全貌認知，並在此基礎上制定出差異化策略，以發揮市場競爭優勢。結合宏觀市場研究、消費者行為洞察、競爭者資訊以及明確的產品與服務策略，將有助於公司在智慧家居市場成功切入、穩健成長並達到長期競爭力與獲利目標。

❑ 筆者評論

　　針對同一個「企業進入智慧家居市場的策略規劃問題」，ChatGPT 4o 和 ChatGPT「o」版本提供了不同的規劃與分析，以下是詳細比較和評論：

1. 回答架構與邏輯

評估項目	ChatGPT 4o 規劃	ChatGPT「o」版本規劃
邏輯架構	清晰的分步規劃：從市場環境、目標客群、競爭者分析、SWOT 分析到競爭策略與市場推廣。	系統化更全面，先進行宏觀市場環境分析（PESTEL），再進行競爭策略擬定與商業計劃撰寫要點。
詳細程度	深入分析市場趨勢、競爭者優勢與劣勢，以及目標客群與場景。	包含更全面的市場環境評估（政治、經濟、社會、技術、環境、法律等），更具宏觀視角。
邏輯連貫性	條理分明但略為線性，側重競爭策略。	結構更有層次，從外部宏觀環境到內部策略全面覆蓋。

筆者評論：

● ChatGPT 4o：則以簡單易懂的方式直接切入策略制定，適合快速上手。

● ChatGPT「o」：邏輯更全面，特別是在引入 PESTEL 分析上，能更好地從宏觀到微觀梳理整體策略規劃。

2. 市場與競爭者分析

評估項目	ChatGPT 4o 規劃	ChatGPT「o」版本規劃
市場環境分析	強調市場需求、技術趨勢與統計支持。	使用 PESTEL 分析，涵蓋政治、經濟、社會等多個面向，更具全面性。
競爭者分析	分析國際品牌（Google Nest 等）及本土品牌。	分析直接與間接競爭者，並強調成本與品牌形象差異化。
市場規模預測	統計數據，預估市場成長至 2027 年。	引用第三方市場報告（如 Gartner 和 IDC）提供成長預測。

筆者評論：

● ChatGPT 4o：側重市場趨勢與競爭者概述，適合快速獲得初步市場認知。

● ChatGPT「o」：市場與競爭者分析更全面，並融入外部權威資料（如 Gartner 等），數據支持更具說服力。

3. 策略擬定與商業計劃

評估項目	ChatGPT 4o 規劃	ChatGPT「o」版本規劃
競爭策略	提出差異化、定價及市場推廣策略。	提出差異化策略，並加入 AI 增值服務和生態圈策略。
產品規劃	強調智慧家居的整合性場景解決方案。	規劃核心產品線、生態系統建設及 AI 支援。
市場推廣	提出品牌定位、線上推廣及合作夥伴行銷策略。	規劃多階段市場進入策略，包括時間表與具體執行方法。
財務規劃	提及投資回收期與穩定現金流。	詳細預估財務成本、投資報酬率及風險管理計劃。

筆者評論：

● ChatGPT 4o：側重於實際執行策略，易於理解，但缺少風險管理的完整佈局。

● ChatGPT「o」：提供更全面的策略，包含 AI 增值服務、生態系統建設及風險管理，展示更高的策略深度。

4. 總結與建議

評估項目	ChatGPT 4o 規劃	ChatGPT「o」規劃
總結重點	提供清晰且具體的執行步驟與市場策略。	強調綜合市場研究、策略與風險管理的結合，形成系統方案。
適用場景	適合快速獲取具體策略與市場建議的情境。	適合高層決策者或需深入市場研究與風險評估的情境。

筆者評論：

- ChatGPT 4o：側重於實際執行策略，易於理解，但缺少風險管理的完整佈局。
- ChatGPT「o」：提供更全面的策略，包含 AI 增值服務、生態系統建設及風險管理，展示更高的策略深度。

❑ **綜合比較與建議**

- ChatGPT 4o 規劃
  - 優點：邏輯清晰、實用性強，快速提出差異化與推廣策略。
  - 缺點：略缺全面性與風險管理，對宏觀市場環境分析不足。
- ChatGPT「o」規劃
  - 優點：結構完整，從 PESTEL 分析到具體策略，具備全面市場視角與策略深度。
  - 缺點：內容較為龐雜，對於時間有限或基礎需求的用戶可能過於複雜。
- 建議選擇
  - 若重視「快速落地執行」，建議選用 ChatGPT 4o 規劃。
  - 若需「全面市場研究與風險管理」，推薦 ChatGPT「o」規劃。

兩者結果在策略層面上大致相似，但 ChatGPT「o」版本更具宏觀分析與風險預防的優勢。

2-3　科技研發與創新設計

ChatGPT「o」版本在科技研發與創新設計中的核心優勢在於其深度推理能力、複雜技術分析能力與快速概念驗證，使其能夠支援從產品設計到專利文件撰寫的整個創新流程。下列是相關應用實例：

- 技術評估與可行性分析：快速分析技術方案的優劣，預測可行性，並對關鍵技術指標進行建模與模擬。例如：評估新能源電池的容量設計，建議提升儲能密度的方法。

- 研發創新構思：根據行業最新研究資料，自動生成創新產品概念與設計建議。例如：構思一款新型智慧穿戴設備，提供感測器配置與功能整合方案。

- 專利文件撰寫與技術報告生成：根據用戶提供的技術細節，撰寫專利文件，涵蓋技術摘要、創新點和權利要求書。例如：撰寫一份針對自駕車 AI 演算法的新專利申請文件。

- 產品設計與優化：在設計初期提供產品結構優化建議，模擬功能效能，減少原型設計的錯誤。例如：設計新型無人機結構，提出最佳推進系統和機翼設計方案。

實例 1：一間人工智慧公司計劃設計一個新型的 AI 演算法，用於智慧圖像識別，需進行技術評估與創新點設計。

❏ **ChatGPT 4o 技術評估與創新點設計**

> 一間人工智慧公司計劃設計一個新型的 AI 演算法，用於智慧圖像識別，需進行技術評估與創新點設計。

🟢 針對這家人工智慧公司計劃設計的新型 **AI 演算法** 用於 **智慧圖像識別**，以下將進行全面的技術評估與創新點設計：

一、技術評估與需求分析

1. 圖像識別的核心需求

- **準確率**：提高模型對複雜場景的識別準確率。

- **實時性**：設計低延遲算法，滿足邊緣計算需求。

- **可擴展性**：支援多種類型的數據（如人臉識別、物體檢測、影像分割）。

- **抗干擾能力**：應對光線變化、角度偏移、遮擋和噪聲等複雜情境。

- **輕量化**：適配物聯網邊緣設備，降低計算資源消耗。

二、現有技術的瓶頸

1. **傳統 CNN 網絡**（例如 ResNet、VGG）：參數量大，訓練成本高。
2. **Transformer 構架**（例如 Vision Transformer, ViT）：在小數據集上的表現有限，需要大量數據訓練。
3. **邊緣部署困難**：高階模型的計算資源需求過高，難以部署到低功耗設備。
4. **特徵提取不足**：在細節紋理、上下文關係識別上存在不足，導致誤判率高。

三、創新設計方案

1. 融合型演算法設計：CNN + Transformer

- **創新點**：結合 CNN 的局部特徵提取能力 和 Transformer 的全局上下文捕捉能力。
- **設計方案**：
    - 初步特徵提取：使用輕量化 CNN 提取圖像的低階特徵。
    - 全局上下文建模：使用 Vision Transformer（ViT）捕捉圖像全局資訊。
    - **Hybrid Block**：設計混合模塊，將 CNN 輸出的特徵圖轉化為 Transformer 輸入，進行整合優化。
- **優勢**：
    - 保留 CNN 在小數據集上的優勢，降低計算成本。
    - 透過 Transformer 建模長距離依賴關係，提升對複雜場景的識別能力。

2. 輕量化技術：模型壓縮與量化

- **方法**：
    - **模型剪枝**：剪掉冗餘神經元和計算節點，保持準確率的同時降低模型體積。
    - **知識蒸餾**：讓大型模型（Teacher）指導輕量模型（Student）的訓練過程。
    - **混合精度訓練**：利用 FP16 和 INT8 量化技術，降低內存佔用。
- **應用場景**：適用於邊緣設備與移動端圖像識別。

3. 針對特定場景的創新識別技術

- **多尺度特徵提取**：

    - 設計多尺度卷積模塊（例如使用 Inception 結構），加強模型對不同尺寸物體的檢測能力。

- **動態特徵增強**：

    - 利用 **注意力機制**（Attention Mechanism）強化關鍵區域的特徵，減少背景干擾。

- **小樣本學習**（Few-Shot Learning）：

    - 採用度量學習或生成模型（如 GAN）來增強模型在小數據集上的識別效果。

4. 數據增強與自適應訓練

- **數據增強**：使用圖像變換（如旋轉、平移、光線調整）模擬真實場景，提升模型泛化能力。

- **自適應訓練**：

    - 使用 **自適應學習率**（如 AdamW）進行參數優化。

    - 引入 **對抗訓練** 技術，增強模型抗干擾能力。

四、技術架構設計

模型架構流程圖：

```objectivec
原始圖像 → 輕量化 CNN 提取特徵 → Hybrid Block (CNN + Transformer) → 多尺度上下文建模 →
Attention 增強 → 特徵分類/檢測 → 結果輸出
```

主要模組：

1. **輸入模組**：處理原始圖像（標準化、數據增強）。

2. **特徵提取模組**：輕量 CNN 提取局部特徵。

3. **全局建模模組**：引入 Transformer 進行上下文關係建模。

4. **特徵融合與優化**：Attention 機制強化重要特徵。

5. **輸出模組**：分類、檢測、影像分割結果。

五、性能評估與優化

1. 評估指標

- 準確率（Accuracy）與召回率（Recall）。

- 平均執行時間（Inference Time）。

- 模型大小（Model Size）。

- 資源消耗（Memory 與 FLOPs）。

2. 訓練與測試

- 使用現有數據集（如 COCO、ImageNet）進行訓練。

- 自建數據集測試模型在特定場景的效果。

六、競爭優勢與應用場景

競爭優勢：

- **高效能**：結合 CNN 與 Transformer 的優勢，達到高準確率。

- **輕量化**：適配邊緣設備，支援低功耗部署。

- **多場景適應**：針對複雜場景設計多尺度與注意力機制。

應用場景：

1. **智慧安防**：人臉識別、異常行為檢測。

2. **工業監控**：機器設備異常檢測。

3. **醫療影像分析**：病變檢測、手術輔助分析。

4. **零售行業**：客流分析、貨品識別。

5. **自動駕駛**：物體檢測與視覺導航。

七、結論與下一步行動

1. **結論**：

   - 採用 **CNN + Transformer 融合架構**，結合輕量化與注意力機制設計出高效能的 AI 演算法。

   - 適配多場景需求，特別是邊緣計算和實時圖像識別場景。

2. **下一步行動**：

   - 進行概念驗證（Proof of Concept, PoC）。

   - 訓練模型並進行多場景測試。

   - 與企業客戶合作，進行小範圍部署和優化。

這份技術評估與創新點設計，幫助公司從技術架構到實際應用找到突破點，為智慧圖像識別技術的創新和市場競爭提供強大支持。如需進一步實作規劃，我可以協助更詳細的模型設計！

❑ ChatGPT「o」版本技術評估與創新點設計

一間人工智慧公司計劃設計一個新型的 AI 演算法，用於智慧圖像識別，需進行技術評估與創新點設計。

Thought about AI算法与图像识别 花的時間為 2 秒

以下是針對一間人工智慧公司欲設計新型 AI 智慧圖像識別演算法的技術評估與創新點設計建議，涵蓋技術選型、模型設計、數據來源與前處理、性能評估標準以及未來拓展方向。

一、技術評估方向

1. **技術目標及應用場景確認**

   - 明確定義演算法欲解決的核心問題：是分類（Classification）、偵測（Object Detection）、分割（Segmentation）、關鍵點偵測（Keypoint Detection）還是其他視覺任務（如行為辨識或3D重建）？

   - 明確預期的應用場合與限制條件，例如：

     - 執行速度要求（即時影像流處理 vs. 離線處理）。

     - 計算資源受限度（Edge Device 上的低功耗要求 vs. 資源豐富的雲端服務）。

     - 資料特性（特殊光照、視角、場景、裝置產生的影像特徵）。

2. **現有技術基準分析 (State-of-the-Art Review)**

   - 比較目前主流圖像識別架構（如 CNN-based: ResNet、MobileNet、EfficientNet；Transformer-based: ViT、Swin Transformer）的性能與優缺點。

   - 針對特定任務類型，檢視最新研究成果：

     - 物件偵測：YOLO系列、Faster R-CNN、DETR。

     - 圖像分割：U-Net、Mask R-CNN、DeepLab系列。

     - 行為辨識、動作識別：3D CNN、SlowFast Networks、TimeSformer。

   - 了解目前 SOTA 模型在相關數據集（ImageNet、COCO、Pascal VOC、ADE20K 等）的表現指標及改善空間。

3. **模型可擴充性與整合性考量**

   - 是否考慮多任務學習（Multi-task Learning）將分類、偵測、分割整合於同一框架中，以提高應用價值。

   - 整合多模態訊息（例如圖像加上文字描述）或多攝影機視角資訊，以增加模型對場景的理解度。

二、創新設計要點

1. 架構層面創新 (Architecture Innovation)

- 開發混合式架構：結合 CNN 與 Transformer 的優勢，如在特徵提取階段採用輕量 CNN 模塊，在高階語意階段導入 Vision Transformer，加強全域特徵捕捉能力。

- 探索少樣本學習 (Few-Shot Learning) 架構：透過度量學習（Metric Learning）、MAML (Model-Agnostic Meta-Learning) 或使用自監督式學習(SSL)的預訓練模型，減少對大規模標註資料的依賴。

- 模型壓縮與自適應架構：採用模型剪枝、知識蒸餾或動態深度/寬度選擇，針對硬體環境自動調適模型的大小與運算量。

2. 特徵工程與輸入前處理創新

- 導入多尺度特徵融合 (Feature Pyramid Networks, FPN) 或自適應特徵聚合策略，以因應對不同尺寸與維度物體的辨識要求。

- 採用自監督或對比學習（Contrastive Learning）方法在無標註資料上進行預訓練，以增進模型在下游任務的表現，同時降低標註成本。

- 探索頻域特徵、3D特徵提取或結合深度資訊、紅外線等多種感測器訊號，以突破單純 RGB 圖像辨識的侷限。

3. 學習方式與訓練流程優化

- 使用先進的優化技術（如 Ranger、SAM (Sharpness-Aware Minimization)）或先進正則化（如 Mixup、CutMix）來提升模型的泛化能力。

- 引入人類先驗知識，以符號推論（Symbolic Reasoning）或圖形結構（Scene Graph）輔助訓練過程，使模型能理解場景物件之間的關係。

4. 結果解釋性與可視化 (Explainability)

- 導入解釋性視覺化工具（Grad-CAM、IG 等技術），提高模型決策透明度，特別是在安全關鍵或法規嚴格的行業（如醫療、工業檢測）。

- 設計可解釋性模組，用於檢測模型何處易失敗，以便於後續調適模型與改進資料品質。

三、數據來源與前處理策略

1. 資料蒐集與標註管控

- 制定資料收集標準確保數據品質與多樣性，避免偏差。

- 若為特定垂直領域（醫療、製造檢測），確保標註者具備專業領域知識。

- 考慮資料增強 (Data Augmentation) 技術，如隨機旋轉、裁切、亮度調整、風格轉換，以提升模型對實務場景變異的強韌度。

2. 資料分層與持續學習

- 將資料分為訓練集、驗證集、測試集，保持嚴謹資料分配策略。

- 導入持續學習(Continual Learning)機制，能隨時間累積新資料並保持對舊資料的識別能力。

四、性能評估與驗證標準

1. 評估指標 (Metrics)

- 針對分類任務：Top-1/Top-5 Accuracy、F1-score、Precision、Recall。

- 針對偵測任務：mAP (mean Average Precision)、AR (Average Recall)。

- 針對分割任務：mIoU (mean Intersection over Union)。

- 若有多任務情境：分別評估各任務指標並綜合考量整體效能與運算效率。

2. 效能與資源考量

- 模型推論速度（FPS）、延遲 (Latency)、模型大小 (Model Size)、記憶體占用。

- 能耗表現 (Energy Efficiency)，特別是邊緣裝置應用。

3. 魯棒性與強韌性評估

- 驗證模型在不同光照、角度、部分遮擋、背景雜訊下的表現。

- 驗證模型對對抗樣本 (Adversarial Examples) 的抵抗力，以提高實務應用安全性。

五、未來拓展與升級方向

1. **遷移學習與跨領域應用**

   - 採用預訓練模型在新領域快速微調 (Fine-tuning)，擴大應用範疇。

   - 探索圖像識別和語義理解的整合，實現圖文匹配及多模態檢索。

2. **與邊緣計算與雲服務整合**

   - 透過輕量化模型（如MobileNet、TinyML）在邊緣設備上進行前端運算，以降低網路傳輸壓力和延遲。

   - 將雲端大模型與邊緣輕量模型結合，動態負載平衡，達到成本與性能的優化。

3. **倫理與法規合規**

   - 在人臉識別等敏感應用中，嚴格遵循隱私與法規要求，確保模型訓練與部署過程中符合地區法規與道德準則。

   - 內建隱私保護機制（如差分隱私、同態加密）提高資料安全性。

總結

透過上述技術評估與創新設計路線，一家 AI 公司可在圖像識別領域開發兼具高準確度、強韌度、低延遲、可擴充性以及易整合性的演算法架構。此策略包括多元技術（CNN、Transformer、對比學習、元學習）、資料品質控管、強化解釋性與安全性，以及長期可持續優化的模式，有助於在未來快速演進的智慧影像識別市場中建立技術領先與差異化優勢。

❏　筆者評論

針對同一個「設計一個新型的 AI 演算法，用於智慧圖像識別，需進行技術評估與創新點設計」，ChatGPT 4o 和 ChatGPT 「o」版本提供了不同的視角和重點，以下是詳細比較與優劣分析：

1. 技術評估與需求分析

評估項目	ChatGPT 4o 技術設計	ChatGPT 「o」技術設計
技術需求分析	強調影像識別的核心需求，包括準確率、實時性、輕量化與抗干擾能力。	強調技術目標確認，將影像識別任務分類（分類、分割、偵測等）。
現有技術瓶頸分析	提出 CNN、Transformer 的不足之處，例如特徵提取局限與計算成本高。	提供 State-of-the-Art Review，對各類模型的性能進行系統化比較。

筆者評論：

- ChatGPT 4o：直接聚焦於具體需求，重點清晰但較為表面。

- ChatGPT 「o」：分析更系統化，深入比較目前主流技術，適合技術決策者獲得全面了解。

2. 創新設計方案

評估項目	ChatGPT 4o 技術設計	ChatGPT「o」技術設計
創新方案	提出融合型演算法設計（CNN + Transformer），強調局部與全局特徵提取的優勢。	提出架構層面創新，包括混合架構、少樣本學習與模型自適應調整。
輕量化技術	提供模型壓縮與量化技術，例如剪枝與知識蒸餾	更全面介紹輕量化技術，如 FP16、INT8 量化及應用場景。
特定場景設計	提出針對特定場景的多尺度特徵提取與動態特徵強化。	提供更多前瞻性設計，如 3D 特徵提取與混合數據標記。

筆者評論：

● ChatGPT 4o：提供了一個清晰且實用的混合演算法方案，適合快速概念驗證。

● ChatGPT「o」：創新設計更具深度，提出多層次的技術創新，涵蓋未來技術發展與優化。

3. 技術架構與效能評估

評估項目	ChatGPT 4o 技術設計	ChatGPT「o」技術設計
技術架構	提供清晰的模型架構流程圖，包括輕量化、特徵提取與融合等過程。	引入更高層次的模型整合設計，如多任務學習與混合數據處理。
性能指標	包括準確率、召回率、模型大小與資源消耗。	提出更具體的性能指標，如 Top-1、Top-5 精度及對抗樣本測試。

筆者評論：

● ChatGPT 4o：架構流程圖簡潔明瞭，便於理解與執行。

● ChatGPT「o」：提供了更全面的性能指標與驗證策略，更適合進一步優化模型。

4. 競爭優勢與應用場景

評估項目	ChatGPT 4o 技術設計	ChatGPT「o1」技術設計
競爭優勢	高效能、輕量化與適配多場景需求。	強調技術架構優勢，並整合未來發展方向與標準化。
應用場景	包括智慧安防、工業監控、醫療影像等場景	更強調場景對技術架構的需求與拓展，例如邊緣設備與低資源環境。

筆者評論：

● ChatGPT 4o：應用場景清晰具體，便於落地。

● ChatGPT「o」：將應用場景與未來技術發展結合，展示出更強的長遠視野。

❑ 綜合比較與建議

比較維度	ChatGPT 4o	ChatGPT「o」
全面性	著重於技術設計與性能優化，實用性強。	涵蓋技術評估、創新設計與未來拓展，更全面。
技術深度	提出具體設計方案與效能優化，適合快速驗證。	強調前沿技術整合與長期演進，適合深入發展。
應用場景	提出具體應用場景，落地性強。	將場景與未來技術發展相結合，更具前瞻性。
適用場景	適合快速技術概念驗證與初步方案設計。	適合完整技術評估與長期研發規劃。

總結建議：

● ChatGPT 4o：設計適合需要快速落地與驗證的情境，因其方案設計簡潔明瞭，易於理解與執行。

● ChatGPT「o」：設計適合進行深入技術研發與長期規劃，因其提供了更全面的技術評估、創新設計與未來發展方向。

若目標是長期技術競爭與創新，推薦採用 ChatGPT「o」的設計方案。

2-4 數學問題求解

「o」優點在解高階數學問題、方程式求解與複雜計算時，「o」版本能進行更深度的推理，正確率更高。特別是解決大學層次的數學考題，例如：微積分與線性代數。

實例 1：假設一位大學生正在準備微積分期末考，需要解決一個涉及高等微積分與線性代數的數學問題。計算不定積分，可參考 ch2 資料夾的 ch2_1.png：

❑ ChatGPT 4o 數學解法

$$I = \int \frac{x^2}{\sqrt{x^2 + 4}} dx$$

請計算上傳的不定積分

🌀 我們計算這個不定積分：

$$I = \int \frac{x^2}{\sqrt{x^2 + 4}} dx$$

步驟1：化簡與代換

1. 觀察分子 x^2 和分母 $\sqrt{x^2 + 4}$，我們將 x^2 拆解為：

$$x^2 = (x^2 + 4) - 4.$$

因此，積分式變為：

$$I = \int \frac{(x^2 + 4) - 4}{\sqrt{x^2 + 4}} dx.$$

2. 分拆為兩個積分：

$$I = \int \frac{x^2 + 4}{\sqrt{x^2 + 4}} dx - \int \frac{4}{\sqrt{x^2 + 4}} dx.$$

3. 繼續化簡：

- 第一項：

$$\frac{x^2 + 4}{\sqrt{x^2 + 4}} = \sqrt{x^2 + 4}.$$

- 第二項保持不變。

所以，

$$I = \int \sqrt{x^2 + 4} \, dx - 4 \int \frac{1}{\sqrt{x^2 + 4}} dx.$$

1. **計算** $\int \sqrt{x^2 + 4}\, dx$：

   使用三角代換法，令 $x = 2\tan\theta$，則 $dx = 2\sec^2\theta\, d\theta$。

   此時，

   $$x^2 + 4 = 4\sec^2\theta \quad \text{且} \quad \sqrt{x^2 + 4} = 2\sec\theta.$$

   因此，

   $$\int \sqrt{x^2 + 4}\, dx = \int 2\sec\theta \cdot 2\sec^2\theta\, d\theta = 4\int \sec^3\theta\, d\theta.$$

   $\int \sec^3\theta\, d\theta$ 的結果為：

   $$\int \sec^3\theta\, d\theta = \frac{1}{2}\sec\theta\tan\theta + \frac{1}{2}\ln|\sec\theta + \tan\theta| + C.$$

   代回 θ 與 x 的關係：

   - $\sec\theta = \frac{\sqrt{x^2+4}}{2}$,
   - $\tan\theta = \frac{x}{2}$.

   所以，

   $$\int \sqrt{x^2 + 4}\, dx = 2\left(\frac{\sqrt{x^2 + 4}\cdot x}{2} + \ln\left|\frac{\sqrt{x^2 + 4}}{2} + \frac{x}{2}\right|\right).$$

   化簡得：

   $$\int \sqrt{x^2 + 4}\, dx = \frac{x\sqrt{x^2 + 4}}{2} + 2\ln\left|x + \sqrt{x^2 + 4}\right| + C_1.$$

2. **計算** $\int \frac{1}{\sqrt{x^2+4}}\, dx$：

   使用相同的三角代換 $x = 2\tan\theta$，則：

   $$\int \frac{1}{\sqrt{x^2 + 4}}\, dx = \int \frac{1}{2\sec\theta}\cdot 2\sec^2\theta\, d\theta = \int \sec\theta\, d\theta.$$

   而 $\int \sec\theta\, d\theta = \ln|\sec\theta + \tan\theta| + C$。

   代回 θ 與 x 的關係：

   $$\int \frac{1}{\sqrt{x^2 + 4}}\, dx = \ln\left|x + \sqrt{x^2 + 4}\right| + C_2.$$

步驟3：合併結果

將兩個積分結果帶回原式：

$$I = \left(\frac{x\sqrt{x^2+4}}{2} + 2\ln\left|x + \sqrt{x^2+4}\right| \right) - 4\left(\ln\left|x + \sqrt{x^2+4}\right| \right).$$

合併同類項：

$$I = \frac{x\sqrt{x^2+4}}{2} - 2\ln\left|x + \sqrt{x^2+4}\right| + C,$$

其中 C 是積分常數。

最終答案：

$$I = \frac{x\sqrt{x^2+4}}{2} - 2\ln\left|x + \sqrt{x^2+4}\right| + C.$$

❏ **ChatGPT「o」數學解法**

$$I = \int \frac{x^2}{\sqrt{x^2+4}} dx$$

請計算上傳的不定積分

🌀 Thought about indefinite integral calculation 花的時間為 10 秒

解題過程：

考慮積分：

$$I = \int \frac{x^2}{\sqrt{x^2+4}}\, dx.$$

首先嘗試將分子 x^2 加上減去 4，做出有助於分離的形式：

$$x^2 = (x^2+4) - 4.$$

因此原積分可寫為：

$$I = \int \frac{x^2+4-4}{\sqrt{x^2+4}}\, dx = \int \frac{x^2+4}{\sqrt{x^2+4}}\, dx - \int \frac{4}{\sqrt{x^2+4}}\, dx.$$

其中

$$\frac{x^2+4}{\sqrt{x^2+4}} = \sqrt{x^2+4}.$$

故有：

$$I = \int \sqrt{x^2+4}\,dx - 4\int \frac{dx}{\sqrt{x^2+4}}.$$

接下來分別計算這兩個積分。

1. $\int \sqrt{x^2+4}\,dx$

對於 $\int \sqrt{x^2+a^2}\,dx$ 的標準結果為：

$$\int \sqrt{x^2+a^2}\,dx = \frac{x}{2}\sqrt{x^2+a^2} + \frac{a^2}{2}\ln\left|x+\sqrt{x^2+a^2}\right| + C.$$

在本例中，$a^2=4 \Rightarrow a=2$，故：

$$\int \sqrt{x^2+4}\,dx = \frac{x}{2}\sqrt{x^2+4} + 2\ln\left|x+\sqrt{x^2+4}\right| + C_1.$$

2. $\int \frac{dx}{\sqrt{x^2+4}}$

對於 $\int \frac{dx}{\sqrt{x^2+a^2}}$ 的結果為：

$$\int \frac{dx}{\sqrt{x^2+a^2}} = \ln\left|x+\sqrt{x^2+a^2}\right| + C.$$

同樣地，$a=2$，故：

$$\int \frac{dx}{\sqrt{x^2+4}} = \ln\left|x+\sqrt{x^2+4}\right| + C_2.$$

代入計算：

$$I = \left[\frac{x}{2}\sqrt{x^2+4} + 2\ln\left|x+\sqrt{x^2+4}\right|\right] - 4\left[\ln\left|x+\sqrt{x^2+4}\right|\right] + C.$$

整理對數項：

$$2\ln\left|x+\sqrt{x^2+4}\right| - 4\ln\left|x+\sqrt{x^2+4}\right| = -2\ln\left|x+\sqrt{x^2+4}\right|.$$

因此最後答案為：

$$I = \frac{x}{2}\sqrt{x^2+4} - 2\ln\left|x+\sqrt{x^2+4}\right| + C.$$

最終答案：

$$\boxed{\int \frac{x^2}{\sqrt{x^2+4}}\,dx = \frac{x}{2}\sqrt{x^2+4} - 2\ln\left|x+\sqrt{x^2+4}\right| + C.}$$

❑ **筆者評論**

- ChatGPT 4o

  ■ 優點

    ◆ 利用 x^2 的分解，使問題迅速拆解成兩個易處理的部分。

    ◆ 結合三角代換進行計算，步驟完整且邏輯清晰。

  ■ 缺點：三角代換的部分需要較多計算，對不熟悉者可能較難掌握。

- ChatGPT「o」

  ■ 優點

    ◆ 直接利用標準公式，步驟更簡潔，計算速度較快。

    ◆ 不需額外的三角代換，適合熟悉公式的讀者。

  ■ 缺點：假設讀者已經熟悉標準公式，否則難以迅速理解每一步的結果來源。

評估項目	ChatGPT 4o 解法	ChatGPT「o」解法
計算難度	包含三角代換，較複雜	無需三角代換，較簡單
結果	結果一致	結果一致

若是目標是快速計算或熟練應用標準公式，ChatGPT「o」解法更具效率。

2-5　全面應用 - ChatGPT「o」的未來場景展望

前面 2-2 節 ~ 2-4 節筆者比較了，不同應用場景使用 ChatGPT 4o 與「o」版本的差異，本節則列出適合「o」版本的應用場景。

❑ **複雜的科學推理**

- 「o」優點：可處理高階物理、化學與生物學研究問題，模擬實驗結果與公式推導。
- 實例：計算物理方程或進行化學反應平衡計算。

❑ **高精度財務分析與建模**

- 「o」優點：在財務預測、投資組合分析和市場風險管理方面，提供更準確的建模和風險計算。

● 實例：財務模型設計與投資報酬率預測。

❑ **自然語言處理**

● 「o」優點：精確的語言理解，適用於語言翻譯、文字摘要和文章生成。

● 實例：自動生成長篇技術報告或翻譯法律文件。

❑ **機器學習與數據建模**

● 「o」優點：能夠精準選擇模型參數與優化策略，提供更準確的數據預測。

● 實例：自動化數據分析與預測模型構建。

❑ **高階科學研究報告生成**

● 「o」優點：在學術與研究領域，「o」提供結構完整的研究報告草稿，包含引用與公式推導。

● 實例：撰寫學術期刊論文或研究項目建議書。

❑ **高精度醫療診斷與數據分析**

● 「o」優點：協助診斷醫療影像分析，支持臨床研究，提出數據支持的診療方案。

● 實例：協助癌症風險分析與基因組數據研究。

❑ **程式設計除錯與優化**

● 「o」優點：能精準識別程式錯誤，提供優化建議，支援進階演算法設計。

● 實例：從零開始設計資料結構與演算法，如深度優先搜尋和機器學習模型。

第 3 章

進階語音與視訊交流
全新溝通體驗

　　進階語音模式 (Advanced Voice Mode with Vision) 的推出，讓使用者得以透過視訊與螢幕共享與 ChatGPT 互動，提供更直觀、高效的數位助理體驗。不論是在解決技術問題、學習新技能，還是完成日常任務，這項功能都能即時回應需求，縮短溝通時間，提升互動便利性。這不僅拓展了人工智慧的應用場景，也讓智慧助手的功能更加貼近人們的生活與工作需求。

- 進階語音模式：筆者測試，電腦版目前只有 ChatGPT Pro 進階使用者才可以完整視訊通話。註：手機 App 已經開放，讀者可以參考 3-3 節，也許不久電腦版就會完全開放了。
- 一般語音模式：適用一般 ChatGPT Plus 使用者，只能透過語音或是文字和 ChatGPT 交流。
- 手機語音模式：手機 ChatGPT 請升級至最新版，我們可以直接與 ChatGPT 視訊對話，或是上傳圖片讓 ChatGPT 回應訊息。

3-1　進階語音功能的突破與應用價值

1. 提升互動的直觀性與便利性

- 視訊互動

使用者可直接展示實物或環境，減少文字描述的困難。例如：

- 在烹飪時展示食材，讓 ChatGPT 提供即時建議。
- 組裝家具時展示零件，獲取精確的操作指引。
- 螢幕共享：使用者能直觀地展示問題，例如軟體操作、文件編輯等，讓 ChatGPT 提供即時解決方案。

2. 支援更多使用場景

進階語音模式擴展了 ChatGPT 的應用範圍，適用於以下情境：

- 遠端協助：使用者在技術問題上需要即時支援，例如：程式除錯或應用程式使用說明。
- 教學輔助：可用於遠端學習，例如解釋課堂筆記、數學題目或提供科學實驗指導。

■ 日常生活：在烹飪、手工製作或其他需要視覺輔助的任務中，提供精確而實用的建議。

3. 縮短解決問題的時間

● 在螢幕共享模式下，使用者可以即時展示操作過程，避免透過語音或文字來回溝通所花費的時間。

● 視訊互動讓 ChatGPT 能快速理解情境，直接給出適合的建議。

4. 增強數位溝通的效率

對於專業領域的使用者，視訊和螢幕共享功能提供了一種更高效的數位協作方式。

● 專案討論：分享簡報、原型設計，獲取即時回饋。

● 文件審閱：即時展示文件，讓 ChatGPT 提供修改建議。

5. 簡化技術門檻

● 對於不熟悉數位工具的使用者，例如年長者或技術新手，進階語音模式提供了更自然的操作方式。

● 視訊展示與螢幕共享降低了學習複雜指令的需求，用戶只需直接展示即可。

6. 增強用戶體驗

進階語音模式讓 ChatGPT 從文字助手進化為多模態的智慧夥伴，提升了使用者的滿意度與信賴感。

❑ 總結

進階語音模式的視訊與螢幕共享功能，打破了以往只能透過文字或語音互動的限制，為使用者提供了更自然、高效、多元的互動方式。無論是日常生活、學術教學，還是專業工作，都能從中受益，充分展現人工智慧助理的價值。

3-2　如何在電腦上啟用語音模式

3-2-1　進入與認識語音模式

ChatGPT 的語音功能可以用點選語音模式圖示 🎙️ 啟動。

點選後可以看到下列畫面。

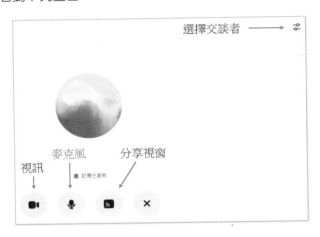

進入上述畫面,就可以正式交談了。

3-2-2　選擇交談者

進入聊天環境後,可以點選圖示 ⚙ ,選擇交談者,每個交談者下方均有敘述個人特色。

3-2-3 正式聊天

對一般 ChatGPT Plus 的使用者，目前只能透過語音和 ChatGPT 對話，下列是聊天畫面。

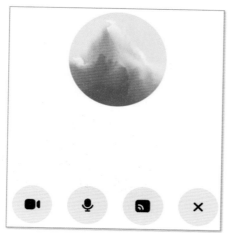

聊天結束後，回到 ChatGPT，可以看到聊天語音已經轉換成文字了。

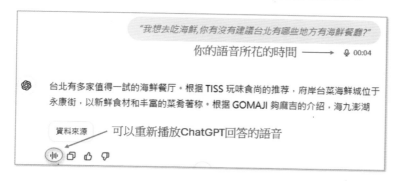

> "我想去吃海鮮,你有沒有建議台北有哪些地方有海鮮餐廳?"
>
> 你的語音所花的時間 ⟶ 🎤 00:04
>
> 🖎 台北有多家值得一試的海鮮餐厅。根据 TISS 玩味食尚的推荐，府岸台菜海鲜城位于永康街，以新鲜食材和丰富的菜肴著称。根据 GOMAJI 夠麻吉的介绍，海九澎湖
>
> [資料來源] ⟵ 可以重新播放ChatGPT回答的語音

註 雖然可以用圖示重新播放 ChatGPT 回答的語音，到下一段對話這段語音就會被刪除。

3-2-4 進階語音

當使用進階語音時，可以讓筆電的攝影機拍攝目前畫面，產生視訊。或是分享畫面讓 ChatGPT 閱讀與解析。

註　一般使用者可以啟動下列功能，但是此時無法交談，也許有一天會開放交談。

❑　**視訊畫面**

請點選圖示 ◼️ 啟動視訊畫面。

❑　**畫面分享**

請點選圖示，然後可以選擇要分享的視窗畫面，你可以選擇要與 ChatGPT 分享的內容，有 3 種選項：

1：從瀏覽器選擇分頁。

2：選擇一個開啟的視窗。

3：整個螢幕畫面分享。

選好後請點選分享鈕，就可以讓分享畫面出現在交談中。

　　遺憾的是，ChatGPT Plus 可以設定上述畫面，但是截至 2024 年 12 月 20 日，有了上述畫面但是聊天時，ChatGPT 不會有回應。

註　天大的好消息，2024 年 12 月 21 日，ChatGPT 已經開放視訊聊天了。

3-3　在 ChatGPT App 中開啟視訊交談功能

　　請點選 圖示啟動 ChatGPT App，進入後請點選此 App 的圖示 。

3-3-1　啟動語音模式

　　進入語音模式後，如果點選右上方的圖示，可以選擇交談者，可以參考下方左圖。選擇過程畫面，可以參考下方右圖。

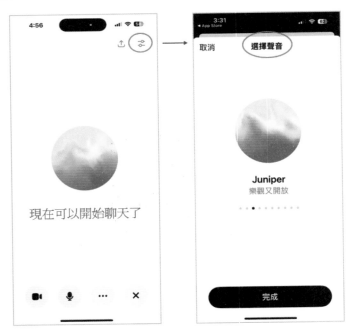

3-3-2　視訊功能

目前 ChatGPT App 的視訊功能如下：

● 允許我們直接與 ChatGPT 視訊聊天。

● 拍攝特定畫面，然後以該畫面為基礎主題。

● 上傳特定圖像，以該圖像為聊天主題。

❑ 視訊聊天

進入聊天模式後，請點選圖示 ◼️◼️ 開啟視訊，螢幕畫面如下所示：

ChatGPT 已經可以看到你，或是攝影機拍攝的畫面，與你完整聊天了。視訊完成後，語音聊天會轉成文字，我們可以檢視內容與過程。

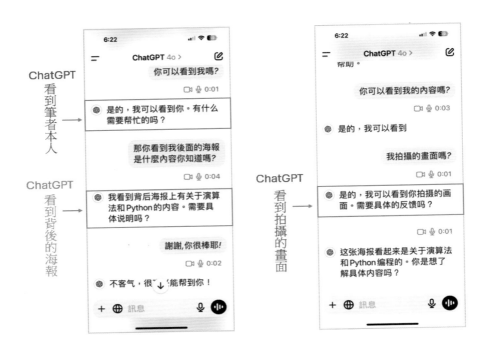

ChatGPT 看到筆者本人

ChatGPT 看到背後的海報

ChatGPT 看到拍攝的畫面

3-3-3　上傳圖像

在 ChatGPT 的聊天模式，點選圖示 `...` ，可以執行 3 件工作：

讀者可以分別上傳照片、拍照或是分享畫面，當作與 ChatGPT 聊天的主題。此例，筆者上傳照片，如下所示：

ChatGPT 已經可以看到上述海報，然後與我們針對海報主題聊天了。

第 4 章

ChatGPT 搜尋網頁

ChatGPT 的「搜尋網頁」功能是一項新推出的功能，旨在提升用戶獲取即時資訊的能力。以下是該功能的主要特色：

- 即時網頁搜尋：用戶可以在 ChatGPT 中進行網頁搜尋，以獲取最新的資訊和數據。這一功能使得 ChatGPT 不僅依賴內建的知識庫，還能即時從互聯網上檢索訊息。

- 自動判斷：ChatGPT 會根據用戶的查詢自動判斷是否需要進行網頁搜尋，這樣用戶無需手動觸發搜尋。在需要的情況下，系統會自動提供相關的網頁資訊。

- 手動觸發搜尋：用戶也可以主動點擊輸入框旁邊的搜尋網頁圖示 ⊕，或者使用快捷指令「/」來選擇進行網頁搜尋。

- 資料來源標示：當 ChatGPT 提供網頁搜尋的答案時，會附上多個資料來源的連結，讓用戶可以進一步查閱原始訊息。這樣不僅增加了資訊的透明度，也提高了回答的可靠性。

- 多媒體內容：搜尋結果可能包含圖片和影片，這使得回答更加豐富和多樣化。

- 可用性：該功能已於 2024 年 12 月 16 日開放給所有用戶，包括免費用戶，只需登入其帳號即可使用。

- 強化回答能力：這項功能是用 GPT-4o 模型，使得生成的答案更加即時且準確，並能有效解決過去模型可能出現的過時或不準確的訊息問題。

總結來說，「搜尋網頁」功能讓 ChatGPT 能夠提供更即時、準確的訊息，顯著提升了用戶在獲取資料和解答問題時的體驗。

4-1　ChatGPT 的重大改進 - 從靜態知識到動態資訊引擎

搜尋網頁是 ChatGPT 的一次重大升級，此功能讓 AI 模型 ChatGPT 能即時存取最新的網際網路資訊，解決過去因知識庫更新受限而導致的資訊落後問題。這使 ChatGPT 從「靜態知識模型」轉變為「動態資訊引擎」，提供更全面和即時的答案。同時具備即時查詢、事實核對、資料分析與跨領域支援的能力，對專業用戶與日常用戶都極具價值。

4-1-1　主要改良

❑ **提供最新資訊**

- 過去的限制：ChatGPT 的知識只更新到 2024 年 6 月，無法存取最新事件或新技術。

- 改進後的優點

  ■ 支援即時網路查詢，解答最新新聞、技術更新和時事話題。

  ■ 實例：查詢最新的 AI 技術發展、股市行情、產品發布等。

❑ **提供具體細節與數據支持**

- 過去的限制：回答中只能依靠內建知識，對數據密集型問題回答受限。

- 改進後的優點

  ■ 可從網頁搜尋最新的統計數據、財務報表或市場分析報告，提供精確答案。

  ■ 實例：查詢「最新全球智慧手機市場佔有率數據」。

❑ **更強的跨領域應用支援**

- 過去的限制：無法有效支援特定領域的深度查詢，例如醫學、法律等。

- 改進後的優點

  ■ 可查詢行業專屬網站和專家意見，支援醫療診斷、法律諮詢等跨領域應用。

  ■ 實例：搜尋「最新癌症治療技術的臨床試驗結果」。

❑ **提升事實查證能力**

- 過去的限制：ChatGPT 依賴訓練資料，可能給出不完全正確的答案。

- 改進後的優點

  ■ 可透過多個可靠來源進行事實核對，減少錯誤與誤導資訊。

  ■ 實例：查證「某國是否已立法通過特定政策」。

❑ **增強專業內容創作能力**

- 過去的限制：雖能生成創意內容，但可能缺乏最新資訊支持。

- 改進後的優勢

■ 支援內容創作時檢索資料來源，提升內容的準確性與時效性。

■ 實例：撰寫一篇「2024 年 AI 趨勢報告」，引用最新的技術與市場發展。

4-1-2　具體應用實例

應用場景	過去的限制	現在的改進點
即時新聞查詢	無法查詢最新新聞事件	提供即時新聞與市場行情報導
技術與產品更新	技術資訊過時，無法查詢新產品規格	查詢最新科技產品與技術資訊
市場與經濟數據分析	無法查詢最新市場報告與經濟指標	提供最新市場數據與經濟報表
跨領域專家支援	某些專業問題需具體細節支援	查詢最新學術研究與行業報告
事實查證與觀點核對	無法即時查證資料來源	提供多個可靠資料來源核對答案
專題報告與內容創作	缺少最新資訊支持的資料參考	查詢最新研究與行業見解，增強創意創作

4-1-3　功能的重要性

● 解決資訊過時問題：ChatGPT 不再受知識庫更新時間的限制。

● 支援專業應用場景：對於需要具體數據與深度分析的用戶特別有幫助。

● 提升答覆準確性：即時查詢多個資料來源，提供更準確與詳盡的回答。

● 增強用戶體驗：無需切換到其他搜尋引擎，從一個平台即可完成多功能查詢。

4-2　啟動與離開網頁搜尋模式

4-2-1　啟動網頁搜尋

有下列 2 個方法可以啟動網頁搜尋：

● 方法 1：點選圖示 ⊕。

藍色顯示表示進入網頁搜尋模式

● 方法 2：輸入「/」，再點選上方的「搜尋」選項。

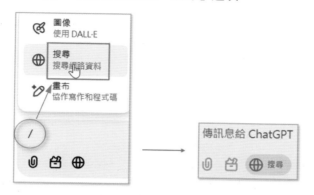

　　進入網頁搜尋模式後，右邊圖示變為 ⊕ 搜尋 ，用藍色顯示，同時加註「搜尋」字串。

4-2-2　離開網頁搜尋

　　點選圖示 ⊕ 搜尋 ，即可離開網頁搜尋模式。

4-3　簡單的搜尋 – 明志科技大學

4-3-1　簡單的搜尋

　　進入搜尋環境後，我們的輸入就被視為是搜尋的資料來源，或是稱搜尋關鍵字。

實例 1：搜尋「明志科技大學」。

從上述我們可以得到：

● 每則訊息末端會標註資料來源。

● 滑鼠游標移到資料來源，會出現「訊息面板」做更詳細解說。

● 有時會出現小錯誤。

● 回應訊息下方會有 資料來源 W 甲 超連結字串，點選可以在視窗右邊出現輔助窗格，列出所有相關的資料來源，我們可以稱此輔助窗格為「資料來源面板」。其主要功能是提供所引用網頁的清單，方便用戶查看和驗證資訊的出處。

註 讀者可以看到搜尋的結果可以含有圖片,這是 ChatGPT 可以容納嵌入式內容的一部分,這也是 OpenAI 公司公告一系列新增功能之一。

4-3-2 開啟瀏覽器新頁面顯示訊息來源

在上述每則回應訊息末端皆有標記資料來源,點選此資料來源,會主動開啟新視窗顯示原始網頁資料。假設畫面如下:

上述點選後,瀏覽器可以開啟新頁面顯示「維基百科」內訊息的原始資料內容。

4-3-3 資料來源面板

點選所有搜尋回應訊息最下方可以看到 資料來源 W圖 ,點選此超連結,ChatGPT 視窗會分割出資料來源面板顯示所有引用網頁的清單,方便用戶查看和驗證資訊的出處。

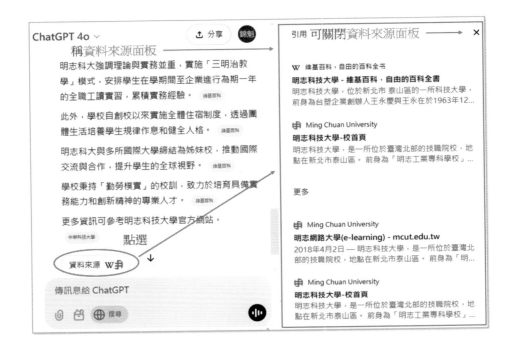

4-4　即時時事與新聞查詢

在資訊爆炸的時代，即時掌握最新時事與新聞至關重要。ChatGPT 的搜尋功能結合多個權威來源，提供快速而準確的新聞更新，涵蓋政治、經濟、科技與娛樂等領域，讓用戶隨時掌握全球動態，做出更明智的決策。

- 應用範圍：全球新聞事件、金融市場動態、技術發表會和政治更新。
- 功能亮點
  - 即時資料存取：能快速整合最新消息。
  - 多來源比較：自動列出多個新聞來源，支持事實核查。
- 實例查詢
  - 「最新 AI 科技發表會摘要」
  - 「美國聯準會最新利率決策」

實例 1：搜尋「最新 AI 科技發表會摘要」。

近期，人工智慧（AI）領域舉辦了多場重要的科技發表會，以下是其中的幾個亮點：

2024 STI TECH DAY：資策會發表2025十大AI關鍵技術與趨勢

2024年11月7日，資訊工業策進會（資策會）軟體技術研究院舉辦了「2024 STI TECH DAY」，並首次發表「2025十大AI關鍵技術與趨勢」。這些技術包括：

- 邊緣AI（Edge AI）
- 數位孿生（Digital Twins）
- 人工智慧代理人（AI Agent）

Ⅲ

資策會發表2025十大AI關鍵技術趨勢 2024 STI TECH DAY 引領企業導入生成式AI應用

2024年11月6日 — 為協助企業普用AI技術提升產業競爭優勢，財團法人資訊工業策進會軟體技術研究院...

Hon Hai

鴻海研究院 2024 AI NExT Forum 7/23 盛大登場 重量級AI專家與會 揭示生成式AI最新趨勢及模型訓練...

2024年7月16日 — 鴻海研究院將攜手集團三大平台發表最新研究成果與創新應用 如何運用生成式AI加速...

BuzzOrange

「現在，我們都在關注 AI 有多弱」Generative AI 年會 3 大重點整理！揭台灣 AI 應用最新趨勢

2024年5月27日 — 本文萃取年會 3 大重點，帶你看台灣的生成式 AI 最新應用趨勢，和未來潛力領域！ 簡...

4-5　科學與技術研究支援

科學與技術的進步推動了現代社會的創新與發展。ChatGPT 的搜尋功能結合最新研究資料與學術報告，支援物理、化學、人工智慧等多領域的深度探索，幫助研究人員和學生進行精確的資料查詢、公式推導與尖端技術分析。

- 應用範圍：複雜公式推導、技術發展趨勢、研究論文摘要。
- 功能亮點
  - 深度資料分析：搜尋學術文章和技術報告，匯整重要研究結果。
  - 公式推導與應用：提供準確的數學、物理和化學計算支援。
- 實例查詢
  - 「最新量子計算技術研究」
  - 「高效能電池技術發展現況」

實例 1：搜尋「最新量子計算技術研究」。

4-6 金融與市場分析

　　金融市場瞬息萬變，準確的市場分析是成功投資的關鍵。ChatGPT 的搜尋功能可以即時存取最新的市場報告、財務數據與經濟指標，支援股票分析、財務預測與投資策略規劃，幫助用戶做出明智的財務決策，掌握市場先機。

- 應用範圍：股票市場變動、財務分析、投資報告。
- 功能亮點
  - 財務數據即時更新：搜尋最新市場報告和分析。
  - 財經新聞摘要：即時提供金融事件解釋。
- 實例查詢
  - 「全球股票市場最新趨勢」
  - 「特斯拉財報分析與未來預測」

實例 1：搜尋「全球股票市場最新趨勢」。

4-7　健康與醫療資訊

　　健康是人生最重要的資產，獲取準確的醫療資訊至關重要。ChatGPT 的搜尋功能結合權威醫學期刊與專業網站，提供最新的疾病診斷、治療方案與健康建議，支援臨床研究與個人健康管理，幫助用戶守護自身與家人的健康。

- 應用範圍：疾病資訊、最新療法、臨床研究結果。

- 功能亮點

  - 權威資料來源：搜尋醫療期刊、政府機構網站。

  - 即時更新：提供最新的醫療研究與指引。

- 實例查詢

  - 「最新癌症免疫療法研究結果」

  - 「心臟病預防的最新建議」

實例 1：搜尋「最新癌症免疫療法研究結果」。

4-8　產品評測與比較

在選購產品時，深入的評測與精準的比較是明智決策的基石。ChatGPT 的搜尋功能整合來自多個評測網站和用戶評論，提供最新的產品資訊與性能比較，幫助用戶快速了解市場選擇，找到最符合需求的最佳產品。

● 應用範圍：最新產品規格、使用者評價、市場競爭分析。

● 功能亮點

■ 多來源比較：匯整產品評論與市場分析。

■ 即時價格查詢：提供各大零售商的最新報價。

● 實例查詢

■ 「2024 年最佳智慧手機評測與比較」

■ 「Apple MacBook 與 Acer Notebook 比較」

實例 1：搜尋「2024 年最佳智慧手機評測與比較」。

4-9　旅行與地理資訊－搜尋結果含圖片

探索世界從了解目的地開始。ChatGPT 的搜尋功能結合全球旅遊資訊與地理數據，提供詳細的旅遊景點介紹、行程規劃與當地文化知識，幫助用戶輕鬆規劃夢想之旅，體驗前所未有的探索與冒險之旅

- 應用範圍：全球旅遊景點、當地天氣、旅遊行程建議。
- 功能亮點
    - 即時天氣查詢：提供最新氣象數據。
    - 旅遊建議整合：搜尋旅遊景點和行程推薦。
- 實例查詢
    - 「日本東京 5 日行程建議」
    - 「2024 年最值得去的歐洲旅遊景點」

實例 1：搜尋「日本東京 5 日行程建議」。

實例 1：搜尋「日本東京 5 日行程建議」。

以下是針對初次造訪東京的旅客所設計的五日行程建議，涵蓋主要景點、美食與購物區域，讓您充分體驗東京的魅力。

第一天：淺草與上野

- 淺草寺：參觀東京最古老的寺廟，感受傳統文化氛圍。

4-10 餐廳搜尋

ChatGPT 的類別搜尋，不僅廣同時很精準，同時每一家餐廳的特色也有呈現。

實例 1：搜尋「請告訴我台北著名的海鮮餐廳」。

請告訴我台北著名的海鮮自助餐廳

台北市以其豐富的美食文化而聞名，以下是幾家備受推薦的海鮮自助餐廳，供您參考：

典華豐FOOD海陸百匯
台北市中山區
位於大直的知名自助餐廳，定期推出龍蝦之夜，提供清蒸龍蝦、日本A5和牛握壽司、香煎羊排等多國美食，並有紅白酒、啤酒無限暢飲。 SANSALIFE

漢來海港天母店
台北市士林區
高人氣的自助餐廳，提供新鮮海鮮、生魚片、炙燒壽司等近200道豐富菜色，每月推出期間限定料理，位

傳訊息給 ChatGPT

UDN
台北凱撒推「日本美食盛宴」Buffet吃到飽！燒鳥、大阪燒與秋刀魚統統有，加入會員第2人再享38折
3 天前 — 迎接年末聚餐熱潮，台北凱撒大飯店Checkers自助餐廳全新推出「日本美食盛宴」，以…

V妞的旅行
【2024台北吃到飽】Top20台北自助餐buffet推薦，特色價格總整理！- V妞的旅行
2024年12月13日 — 台北遠東香格里拉自助餐廳是「遠東Café」，提供豐富多變各國美味佳餚，現切…

欣傳媒Xinmedia
台北喜來登十二廚北海道美食限定登場！松葉蟹腳吃到飽、爆盛豪華海鮮船重磅亮相
2024年12月12日 — 吃到飽深受大家喜愛！台北喜來登大飯店十二廚自助餐廳看準年末聚餐商機，即日…

Fooday - Your Trusted Food Guide App
2025 台北 buffet 吃到飽 | 吃到飽自助餐 6 間高分推薦，特色價格總整理！- Fooday 寫評論解任務
2024年12月6日 — 台北喜來登大飯店的十二廚（Kitchen 12）是一家備受歡迎的自助餐廳，提供多…

　　上述台北市的海鮮自助餐廳搜尋結果充分展現了當地美食文化的多樣性與高品質。這些餐廳不僅提供豐富的海鮮選擇，如帝王蟹腳、生蠔、波士頓龍蝦等，更結合國際料理與本地特色，滿足不同食客的需求。

　　搜尋結果中的推薦餐廳涵蓋了大直、天母、南港、中正、信義等主要商圈，顯示資訊的地理覆蓋面廣，且每家餐廳的特色介紹清晰、吸引人。此外，餐廳的菜品更新頻繁，如限時龍蝦之夜或特色現流海鮮，反映出這些自助餐廳在競爭激烈的市場中持續創新的努力。

　　總體來看，這次搜尋結果展示了台北海鮮自助餐廳的精華，資訊詳盡且富有吸引力，是一次成功且高效的主題搜尋。

4-11　導航搜尋

　　ChatGPT 搜尋網頁功能，也具備類似導航功能。例如我們可以告知目前位置，然後告知目的地，讓 ChatGPT 規劃路徑。整個搜尋呈現下列優點。

- 多樣化選項：根據用戶需求，提供了多種交通方式，方便用戶選擇最適合的出行方案。
- 詳細路線：每種交通方式的路線、預估時間和費用均有說明，資訊豐富且實用。
- 注意事項：提醒用戶提前預訂餐位、考慮交通尖峰時段等，體現了對用戶體驗的關注。

實例 1：請輸入「我現在人在天母運動公園，可以如何到島語自助餐廳吃大餐」

1. 大眾交通工具

步行至捷運站：

- 從天母運動公園步行約15分鐘至捷運芝山站（淡水信義線）。

捷運路線：

- 搭乘淡水信義線（紅線）往象山方向，在**大安站**下車。
- 於大安站轉乘文湖線（棕線）往南港展覽館方向，在**南港展覽館站**下車。

步行至餐廳：

- 從南港展覽館站1號出口出站，步行約10分鐘即可抵達台北漢來大飯店二樓的島語自助餐廳。　APPLETREES

預估時間： 約60–70分鐘
費用： 約新台幣40–50元　

2. 自行開車

路線建議：

- 從天母運動公園出發，經由中山北路接建國高架道路，行駛至國道1號（中山高速公路）南下。
- 於南港交流道下，進入忠孝東路七段，右轉至經貿一路，抵達台北漢來大飯店。

停車資訊：

- 台北漢來大飯店備有停車場，供用餐客人使用。　鹽美安茲

預估時間： 約30–40分鐘（視交通狀況而定）
費用： 依停車場收費標準計算

3. 計程車

直接搭乘：

- 從天母運動公園搭乘計程車前往島語自助餐廳。

預估時間： 約30–40分鐘（視交通狀況而定）
費用： 約新台幣500–700元

注意事項

- **預訂座位：** 島語自助餐廳經常客滿，建議您提前預訂，以確保用餐順利。

  APPLETREES

- **交通尖峰時段：** 若在交通繁忙時段出行，建議選擇捷運等大眾交通工具，以避免塞車。

- **特殊需求：** 如攜帶嬰幼兒或行動不便者，建議選擇計程車或自行開車，以提高便利性。

4-12　今年颱風消息總覽

　　颱風是影響全球多個地區的重要氣候現象，了解其發展與影響至關重要。透過 ChatGPT 的搜尋網頁功能，可以即時查詢今年的颱風消息總覽，包括颱風生成的時間、路徑、風速強度與影響範圍，幫助用戶未來做好防災準備。

今年颱風消息總覽

截至2024年12月，西北太平洋共生成了25個颱風，與1951年至2020年的年均值25.4相近。 經濟日報壢財網

其中，台灣發布颱風警報的有4個，3個颱風直接登陸，分別是：

- **凱米颱風：** 7月25日凌晨在宜蘭南澳登陸，為台灣帶來強風豪雨。 聯合報

- **山陀兒颱風：** 10月3日於高雄小港登陸，為高雄、屏東地區帶來連續4天的颱風假。 今日新聞

- **康芮颱風：** 10月31日於台東縣成功鎮登陸，成為自2008年以來登陸台灣的最強颱風之一。 經濟日報壢財網

UdN Money
9至11月颱風生成15個偏多 近台颱風也高於平均值
2024年12月10日 — 氣象署今天表示，今年到了晚秋仍有颱風警報，因此大眾對2024年颱風特別有感；...

UDN
整理包／2024侵台首颱凱米報到！近10年颱風登陸地點、數量變化史一次看｜凱米颱風襲台｜生活 - 聯合...
2024年7月23日 — 2024年中度颱風「凱米」於24日轉為強颱，並於25日凌晨登陸台灣，為全台帶來...

NOWnews今日新聞
2024回顧／颱風生成25顆！凱米、山陀兒、康芮登陸烏薩奇也來亂
3 天前 — 2024年進入尾聲，今年台灣的氣象紀錄相當熱鬧，西北太平洋共生成25個颱風，除了「凱米、...

UdN Money
2024年已3颱登陸 自2008年以來最多｜生活｜要聞｜

4-13　不可能的任務 (Mission Impossible) — 搜尋結果含影片

《不可能的任務》(Mission Impossible) 系列以緊張刺激的動作場面與引人入勝的劇情著稱，深受全球影迷喜愛。透過 ChatGPT 的搜尋網頁功能，即時掌握最新續集的發行日期、演員陣容、劇情預告與影評，隨時更新電影動態。

實例 1：不可能的任務預告片。

...

　4-3-1 節筆者敘述了搜尋結果可以有嵌入式圖像，從上述執行結果可以知道 YouTube 影片也被嵌入了，這也是 ChatGPT 新增功能。相當於搜尋時，讓搜尋結果豐富、精彩與多樣化，讀者點選可以進入欣賞此預告片。

4-14 語音搜尋

前一節筆者介紹了 ChatGPT 的語音功能，該功能也可以應用在搜尋模式，這就是所謂的「語音搜尋」。這是一種讓使用者透過語音指令進行網路搜尋的技術，無需手動輸入文字即可獲取所需資訊。這項技術廣泛應用於智慧型手機、平板電腦，目前 ChatGPT 也在電腦裝置上支援此功能，提升了搜尋的便利性和效率。

假設目前在搜尋模式：

請點選語音模式圖示 ⊕，可以參考上圖。將進入語音模式畫面：

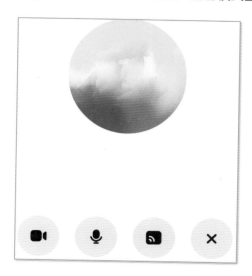

看到上述畫面，就可以開始用語音詢問了，筆者此例口述，「請告訴我台北市哪邊有海鮮餐廳可以吃？」，敘述完成後，ChatGPT 透過自身後台的搜尋引擎，會用口述方式回應我們的詢問。完成後，可以在聊天記錄中，看到彼此搜尋的聊天記錄。

"請告訴我台北市哪邊有海鮮餐廳可以吃?"

🎤 00:06

台北有多家知名海鮮餐厅值得一试。比如,真的好海鮮餐厅位于大安区,曾连续三年荣膺法国La Liste全球最佳1000大餐厅。蝦老爹美食海鮮也位于大安区,主打美国加州风味的手抓海鮮。而漁聞樂日式海鮮料理在松山区,以新鲜的海鮮刺身和日式料理著称,价格也相对亲民。这些都是不错的选择! GOMAJI

4-15　網頁搜尋與摘要

　　網頁搜尋時,部分參考的網頁內容比較長,我們可以讓 ChatGPT 將該網頁摘要,這樣可以快速獲得該網頁內容重點。例如 4-7 節畫面如下:

最新癌症免疫療法研究結果

近期,癌症免疫療法領域取得了多項重要突破,以下是其中的

🔲 TiBIA 台灣生醫創新學會
ASCO 2024 焦點:十大最新數據揭示黑色素瘤、肺癌及血癌治療突破 - TiBIA 台灣生醫創新學會
2024年6月5日 — 2024年美國臨床腫瘤學會(ASCO)年會於5月31日正式開幕,聚集了各界科...

　　假設想要知道上述「ASCO 2024 焦點 ... 」新聞摘要,可以先點選該新聞,然後複製該新聞網址,當作下列實例的輸入網址。

實例 1:請輸入「請摘要下列網址內容

https://tibia.org.tw/2024/06/05/asco-2024-ten-clinical-trials-data/?utm_source=chatgpt.com 」。

請摘要下列網址內容
https://tibia.org.tw/2024/06/05/asco-2024-ten-clinical-trials-data/?utm_source=chatgpt.com

2024年美國臨床腫瘤學會（ASCO）年會於5月31日開幕，展示了多項癌症治療的最新研究成果。以下是十項備受關注的臨床試驗及其突破性數據摘要：

黑色素瘤治療：

- **Moderna與MSD**：在KEYNOTE-942第二期試驗中，兩家公司共同開發的mRNA-4157疫苗與Keytruda（pembrolizumab）聯合用於黑色素瘤切除後的治療，這是全球首個個人化mRNA癌症免疫療法，將分享三年追蹤數據。

- **Philogen**：在PIVOTAL第三期試驗中，其Nidlegy（bifikafusp alfa與onfekafusp alfa組合）針對可完全切除且伴有局部皮膚或淋巴結轉移的黑色素瘤患者，已知中位無復發生存期為16.7個月，對照組為6.9個月。

...

血液癌症治療：

- **GSK**：在DREAMM-8第三期試驗中，Blenrep（belantamab mafodotin）與pomalidomide和dexamethasone（PomDex）組合，針對復發或難治性多發性骨髓瘤，將發表與標準治療Velcade（bortezomib）和PomDex的比較數據。

- **Pfizer**：在ECHELON-3第三期試驗中，將分享Adcetris（brentuximab vedotin）與Revlimid（lenalidomide）和Rituxan（rituximab）組合，針對復發或難治性瀰漫性大型B細胞淋巴瘤的最新數據。

- **Novartis**：在第三期研究中，Scemblix（asciminib）用於新診斷的慢性骨髓性白血病（CML），與標準酪胺酸激酶抑制劑（TKI）相比，Scemblix在48週時的主要分子反應率更高。

這些研究成果反映了腫瘤學領域的最新進展，展示了癌症治療的潛在新方向，強調了持續研究和創新的重要性。 TIBIA

上述讀者可以閱讀整理過的內容，也不會受到網路廣告干擾。

第 5 章

畫布 (Canvas) 協同寫作
重塑內容創作的全新體驗

　　畫布 (Canvas) 的協同寫作功能是 ChatGPT 一項創新的人工智慧應用，旨在幫助作家、內容創作者在寫作過程中提高效率。透過這項功能，用戶可以與 AI 即時互動，共同構思、編輯和潤色文字，從創意啟發到內容完善都變得更輕鬆。無論是撰寫專業報告、小說故事，還是市場行銷內容，ChatGPT 都能提供有深度的建議與靈感，確保寫作過程流暢順利，激發無限創意可能。這項功能將創意與技術完美結合，重塑了現代寫作的未來。

註　我們也可以用畫布設計程式，這部分將在第 10 章解說。

5-1　協同寫作的革命 - 創作模式的智慧變革

5-1-1　內容創作的革命

　　協同寫作功能對創作者的最大差異，從單向回應到動態編輯。

❑　**從「一次性回應」到「多輪編輯」**

　　過去 ChatGPT 提供的回應是靜態的、一次性的，無法直接修改原文，創作者需自行整理並重新提出需求。這導致修改過程繁瑣，甚至可能在多輪對話後出現內容混亂。有了協同寫作後的改變是：

- 動態編輯：創作者可以直接修改 ChatGPT 生成的內容，讓 AI 即時參考新修訂的文本。
- 內容更新：修改後的內容成為新的創作基礎，AI 能夠基於最新版本進一步優化。

❑　**從「單向指令」到「雙向互動」**

　　過去用戶需使用明確的指令來控制 ChatGPT 的回應，容易出現理解偏差。有了協同寫作後的改變是：

- 即時互動：AI 能夠基於用戶的即時變更和反饋進行編輯。
- 靈活引導：創作者可以引導 AI 強化某段文字、調整語氣或擴展特定主題，實現雙向互動創作。

❏　**從「片段生成」到「全篇整合」**

以往 ChatGPT 生成的內容多為獨立段落，整合與潤色需由創作者手動完成。有了協同寫作後的改變是：

● 全篇編輯：創作者能在一個整合平台上修改、增補和重組段落，AI 會自動進行內容連貫性和語法檢查。

● 一致性維護：AI 能夠確保風格和語氣的一致性，減少人為編排錯誤。

❏　**從「被動回應」到「主動建議」**

早期的 ChatGPT 僅在用戶詢問時回應，缺乏主動建議功能。有了協同寫作後的改變是：

● 智慧建議：AI 能主動提出修改建議，提醒潛在錯誤或提供替代方案。

● 內容擴展：根據用戶的編輯，AI 自動延伸段落或重寫，以滿足進一步的創意需求。

協同寫作功能的推出，讓內容創作的革命性變化，將 ChatGPT 從單純的 AI 助手轉變為創意夥伴。創作者不再需要在多輪對話中反覆提出指令，而是能夠通過動態編輯與 AI 即時合作，實現無縫協作、精準修改與深度創作，大幅提升了創作效率與內容品質。

5-1-2　適用場景

● 行銷與品牌內容創作：撰寫與審核行銷計劃、社群貼文和產品文案。

● 學術與研究項目：撰寫報告與論文，整合多方資料。

● 技術文件與操作指南：編輯技術文件和產品手冊。

● 創意作品與出版專案：小說、劇本、雜誌與電子書等創意寫作。

5-2　流暢切換 - 進入與離開畫布環境

進入畫布環境，可以執行文章創作或是程式碼編輯，本章主要是介紹文章創作。

5-2-1　進入畫布環境

開啟新交談後，點選檢視工具圖示😬，可以看到畫布選項。

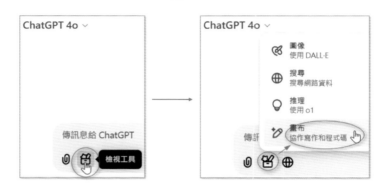

點選畫布，可以進入畫布環境，此時輸入區可以看到藍色字串的畫布提示詞。

上述輸入的主題，會影響是進入文章創作，或是進入程式碼編輯環境。

5-2-2　離開畫布環境

在畫布環境時，點選檢視工具圖示😬，再執行一次畫布選項，就可以離開畫布環境。

5-3 深入探索 - AI 協同寫作畫布環境導覽

5-3-1 文案創作 - 北極光

實例 1：請輸入主題「北極光」，如下：

註　如果主題不完整，ChatGPT 只是建立該主題畫布，這時需要更完整描述生成的主題內容。

上述輸入後，有 2 種情況：

❑　**情況 1**

如果你的瀏覽器視窗比較小，可以看到下列畫面：

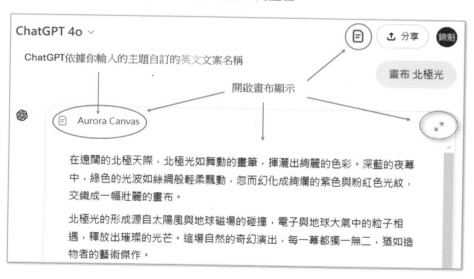

這時可以點選圖示 🗐、圖示 ↙↗、文案內容區或是 Aurora Canvas 標題，可以開啟畫布顯示主題是「北極光」的創作內容。同時建議，擴大視窗讓畫布同時顯示原先 ChatGPT 輸入區視窗。

註　ChatGPT 會主動為此文案建立標題，此例所建立的標題名稱是 Aurora Canvas。未來關閉畫布區後，點選此交談標題，可以在最上層看到此文案 Aurora Canvas 標題，點選此標題就可以重新進入畫布編輯環境。

❑　**情況 2**

如果視窗夠寬敞，可以直接用畫布顯示創作內容，同時也可以看到 ChatGPT 輸入區視窗。

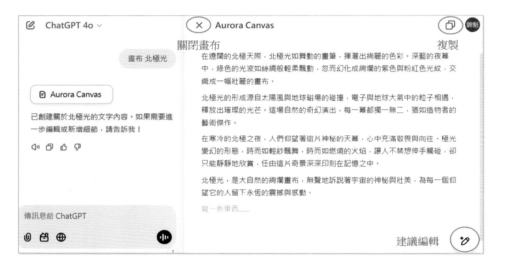

5-3-2　認識畫布環境

上述畫布環境幾個重要圖示功能如下：

● 關閉畫布✕：點選圖示✕，可以關閉畫布。

● 複製⧉：點選圖示⧉，可以複製創作內容。

● 建議編輯✐：滑鼠游標放在此圖示✐上，可以顯示系列隱藏的編輯圖示，將在 5-4 節完整解說。

5-3-3　關閉畫布與重新開啟畫布編輯

請點選關閉畫布圖示✕，可以關閉畫布，未來可以參考 5-3-1 節的情況 1，重新開啟畫布。

5-4 情感與風格增強 - 插入表情符號與視覺元素

5-4-1 認識編輯功能

滑鼠游標放在建議編輯圖示 ✏️ 上,可以看到系列完整的編輯功能:

5-4-2 新增表情符號 – 文字

ChatGPT 畫布上的「新增表情符號」功能,為使用者提供了一個更豐富的文字創作工具。透過巧妙地運用表情符號,可以讓生成的文字內容更具個性、更具感染力。點選新增表情符號圖示 🤟,可以看到如何新增表情的選項窗格。

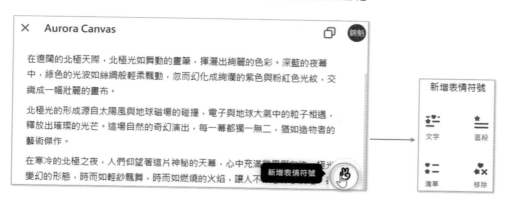

有 4 個選項：

● 文字：任何文字區皆可以依據內容，插入表情符號或是用表情符號取代「內文」。

● 區段：只有在區塊段落才增加表情符號。

● 清單：只有在清單增加表情符號。

● 移除：移除文案所有表情符號。

此例，請執行文字，可以得到下列結果。

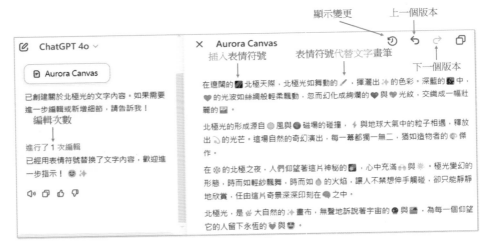

從上述可以得到有時候 ChatGPT 主動插入表情符號，有時候用表情符號取代原先的文字。當有編輯動作時，除了左邊的交談窗格會顯示編輯次數，畫布上方也增加了幾個功能圖示：

● 顯示變更 🕚：可以顯示所有的變更。

● 上一個版本 ↺：讓畫布顯示前一個版本的內容，可參考下一小節。

● 下一個版本 ↻：如果下一個版本存在，可以顯示下一個版本，可參考下一小節。

❏ 文案太多表情符號的缺點

讀者必須了解文案有太多表情符號也有下列缺點。

1. 降低專業性與可信度

- 表情符號過多可能讓文案看起來過於隨意與輕浮，在商業、專業或正式文件中會影響品牌形象。

- 實例：在企業公告或金融報告中，過多的表情符號可能讓讀者懷疑內容的可信度。

2. 阻礙閱讀流暢度

- 連續的表情符號會使讀者「難以聚焦」在主要內容上，影響文案的可讀性。

- 實例：在長篇說明文中，每句話都加入表情符號，可能導致視覺疲勞，讓人難以專注。

3. 意圖不明與誤解風險

- 不同文化對表情符號的「解讀差異」可能引發誤會，特別是當表情符號頻繁出現時，可能混淆內容的情緒語調。

- 實例：某些表情符號在不同國家具有不同含義，可能影響全球受眾的理解。

4. 視覺設計失衡

- 過多的表情符號會影響「排版的美觀」與「整體設計感」，導致視覺混亂，降低文案的專業質感。

- 實例：在廣告素材或行銷宣傳中，視覺設計應簡潔大方，過多的表情符號可能破壞視覺平衡。

5. 情感過度誇張

- 文案的「語氣與情感表達過於強烈」，可能讓讀者覺得內容不真誠，甚至引起反感。

- 實例：使用過多的「開心」「興奮」表情符號，可能讓促銷活動看起來不夠專業。

在文案創作中，適度使用表情符號 可以增強內容的 視覺吸引力與情感表達。然而，過度使用會影響 專業形象、可讀性與文化適應性，因此應謹慎平衡，根據內容的「語氣」、「目標受眾」與「品牌風格」進行適當設計。

5-4-3　版本控制

點選上一個版本圖示↶，可以看到復原為沒有表情符號內容的版本。

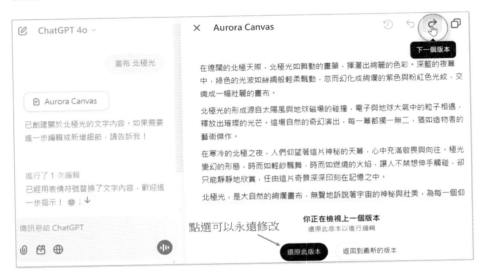

請點選下一個版本圖示↷，可以回到先前有表情符號的版本。

5-4-4　顯示與隱藏變更

顯示變更圖示🕑可以顯示所有的變更。

請點選顯示變更圖示🕑，可以得到下列結果。

在遼闊的  北極天際，北極光如舞動的 ~~畫筆，揮灑出絢麗~~ ✏️，揮灑出 ✨ 的色彩。深藍的 ~~夜幕中，綠色~~ 🌌 中，🤍 的光波如絲綢般輕柔飄動，忽而幻化成絢爛的 ~~紫色與粉紅色~~ 💜 與 💗 光紋，交織成一幅壯麗的 ~~畫布~~ 🖼️。

北極光的形成源自 ~~太陽風與地球磁場的碰撞，電子~~ 🌀 風與 🌑 磁場的碰撞，⚡ 與地球大氣中的粒子相遇，釋放出 ~~璀璨~~ 🌙 的光芒。這場自然的奇幻演出，每一幕都獨一無二，猶如造物者的 ~~藝術~~ 🎨 傑作。

在寒冷 ❄️ 的北極之夜，人們仰望著這片神秘的 ~~天幕，心中充滿敬畏與向往~~ 🖼️，心中充滿 👀 與 ☀️。極光變幻的形態，時而如輕紗飄舞，時而如 ~~燃燒~~ 🔥 的火焰，讓人不禁想伸手觸碰，卻只能靜靜地欣賞，任由這片奇景深深印刻在 ~~記憶~~ 💬 之中。

北極光，是 ~~大自然的絢爛~~ 🌿 大自然的 ✨ 畫布，無聲地訴說著宇宙的 ~~神秘與壯美~~ 🌑 與 🏔️，為每一個仰望它的人留下永恆的 ~~震撼與感動~~ 💜 與 😄。

現在可以了解畫布如何用表情符號，變更原先的文案，同時原先的顯示變更圖示變為隱藏變更圖示，點選隱藏變更圖示，可以回到原先有表情符號的文案。

在遼闊的 🌿 北極天際，北極光如舞動的 ✏️，揮灑出 ✨ 的色彩。深藍的 🌌 中，🤍 的光波如絲綢般輕柔飄動，忽而幻化成絢爛的 💜 與 💗 光紋，交織成一幅壯麗的 🖼️。

北極光的形成源自 🌀 風與 🌑 磁場的碰撞，⚡ 與地球大氣中的粒子相遇，釋放出 🌙 的光芒。這場自然的奇幻演出，每一幕都獨一無二，猶如造物者的 🎨 傑作。

在 ❄️ 的北極之夜，人們仰望著這片神秘的 🖼️，心中充滿 👀 與 ☀️。極光變幻的形態，時而如輕紗飄舞，時而如 🔥 的火焰，讓人不禁想伸手觸碰，卻只能靜靜地欣賞，任由這片奇景深深印刻在 💬 之中。

北極光，是 🌿 大自然的 ✨ 畫布，無聲地訴說著宇宙的 🌑 與 🏔️，為每一個仰望它的人留下永恆的 💜 與 😄。

5-5　無縫整合 - 複製與儲存至 Word 文檔

　　一個文件編輯完成後，如果不動，則可以保存在 ChatGPT 帳號內。如果想要用 Word 儲存，可以點選複製圖示🗇。

> **註**　請關閉上述編輯「北極光」內容的畫布 (Aurora Canvas)。

　　這時含表情符號的文件會被複製到剪貼簿，請開啟 Word，然後執行常用 / 貼上指令，可以將含表情符號的文件貼到 Word。

在遼闊的 🌆北極天際，北極光如舞動的 🖊，揮灑出 ✨ 的色彩。深藍的 🌃 中，💜 的光波如絲綢般輕柔飄動，忽而幻化成絢爛的 💜 與 💜 光紋，交織成一幅壯麗的 🖼 。

北極光的形成源自 🌬 風與 🌑 磁場的碰撞，⚡ 與地球大氣中的粒子相遇，釋放出 🌀 的光芒。這場自然的奇幻演出，每一幕都獨一無二，猶如造物者的 🎨 傑作。

在 ❄ 的北極之夜，人們仰望著這片神秘的 🌌，心中充滿 👀 與 🌟 。極光變幻的形態，時而如輕紗飄舞，時而如 🔥 的火焰，讓人不禁想伸手觸碰，卻只能靜靜地欣賞，任由這片奇景深深印刻在 💭 之中。

北極光，是 🌿 大自然的 ✨ 畫布，無聲地訴說著宇宙的 🌐 與 🏔，為每一個仰望它的人留下永恆的 💜 與 😄 。

　　本書 ch5 資料夾的「北極光 .docx」就是上述儲存的檔案。

5-6　內容掌控 - 編輯歷程追蹤與版本回溯

　　前面一節當關閉畫布後，如果選擇交談名稱，此例是「北極光畫布」，可以看到此畫布系列編輯過程。

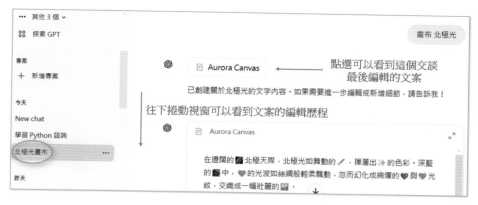

這個實例往下捲動可以看到下列結果。

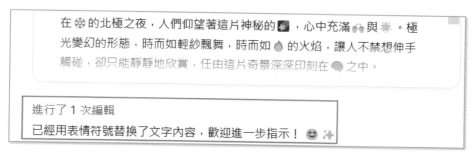

也就是編輯過程會被記錄，可參考上圖。

5-7 新建文案「AI 發展史」- 手工編輯

5-7-1 建立文案

實例 1：請進入畫布環境，然後輸入「AI 發展史」。

可以看到所建立的文案。

5-7-2　手工編輯文案

畫布環境可以接受我們手工編輯文案，下列是將畫面捲動到最下方的結果。

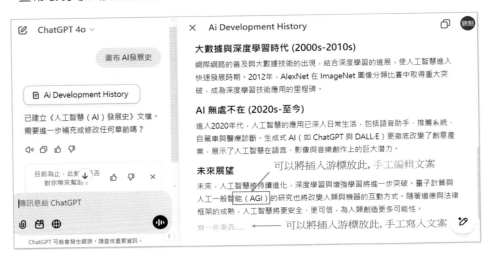

例如：上述「能 (AGI)」，我們可以將插入游標移到此編輯，下列是改成「慧」的結果。

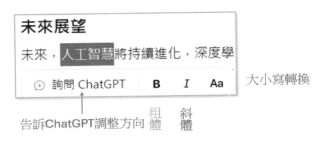

5-7-3　手工字型編輯

我們可以手工字型編輯，例如：請選取「人工智慧」字串，下方會出現編輯工具列：

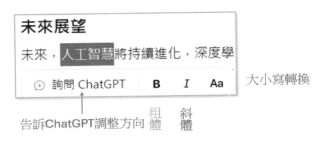

可以選擇粗體、斜體或是英文字串大小寫轉換，下列是將「人工智慧」改成粗體的結果。

> **未來展望**
>
> 未來，**人工智慧**將持續進化，深度學習與增強學習將進一步突破。量子計算與人工一般智慧的研究也將改變人類與機器的互動方式。隨著道德與法律框架的成熟，人工智慧將更安全、更可信，為人類創造更多可能性。

5-7-4　詢問 ChatGPT

「詢問 ChatGPT」 功能允許用戶在編輯文本時，直接向 ChatGPT 提出問題或請求建議。使用者只需突出顯示特定文字或段落，然後選擇「詢問 ChatGPT」，即可獲得修改建議、澄清內容或其他相關協助。此功能有助於在編輯過程中即時獲取 AI 支援，提升寫作效率和質量。

此例，假設選取一個段落：

點選「詢問 ChatGPT」，這時會出現輸入框，我們可以請 ChatGPT 依據要求修改內容，此例筆者輸入「請改成條列式」。

輸入後，可以得到下列用條列式顯示原先的段落內容。

人工智慧（AI）發展史

起源與早期探索 (1940s-1950s)

- 人工智慧的概念可追溯至20世紀中期。
- 1943年，Warren McCulloch 與 Walter Pitts 提出了人工神經網絡模型，模擬了生物神經系統的運作。
- 1950年，艾倫·圖靈發表了經典論文《計算機械與智能》，提出了著名的圖靈測試。 ●

5-7-5　ChatGPT 段落編輯

將滑鼠游標移到段落右邊可以看到圖示⊕，點選此圖示相當於選取此段落，然後可以用自然語言方式，讓 ChatGPT 編輯此段內容。

人工智慧（AI）發展史

起源與早期探索 (1940s-1950s)

- 人工智慧的概念可追溯至20世紀中期。
- 1943年，Warren McCulloch 與 Walter Pitts 提出了人工神經網絡模型，模擬了生物神經系統的運作。

請點選圖示⊕，會出現輸入框。

- 1943年，Warren McCullo... 模擬了生物神經系統的運作。　請用小學生可以懂的方式描述

然後輸入「請用小學生可以懂的方式描述」，可以得到下列結果。

- 1943年，兩位科學家 Warren McCulloch 和 Walter Pitts 想出了一個讓電腦學習的點子。他們設計了一個模仿人類大腦如何思考的模型，就像機器的腦袋一樣。

5-7-6 「區段」建立表情符號

請參考 5-4-2 節,但是以「區段」選項新增表情符號,可以得到下列結果。

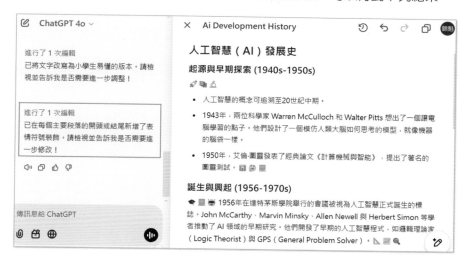

坦白說有達到豐富內容,又不會失去焦點難以閱讀。

5-8 多層次內容設計 - 幼稚園到研究所的閱讀等級調整

閱讀等級圖示📖,允許我們根據目標讀者的理解能力,調整文案的複雜度。用戶可以選擇從「幼稚園」到「研究所」等不同等級,系統會自動修改文案,使其適合所選的閱讀水平。這有助於確保內容對目標受眾而言既易於理解,又具適當的深度。預設是中等水準的高中程度文案,

下列是拖曳到最下方幼稚園：

請按一次圖示↑，就可以更改文案改成幼稚園的閱讀等級。

5-9　智慧調整 - 內容長度的自動與手動優化

　　調整長度圖示↕≣，允許我們根據需求，將文案進行「擴展」或「縮短」。這有助於適應不同的篇幅要求，例如：將簡短的摘要擴展為詳細的說明，或將冗長的段落濃縮為精簡的要點。透過此功能，用戶可以靈活地調整文案長度，以滿足特定的溝通目標或出版限制。

讀者可以依照需要自行測試。

5-10 編輯建議 - 內容優化的 AI 協作指南

建議編輯圖示 ✒️，這個功能可以協助使用者提升文案的水準。透過此功能，系統會根據文案內容提供編輯建議，幫助使用者找出可改進的部分，從而增強文章的清晰度、流暢度和整體表達效果。

點選此功能圖示後，ChatGPT 會將建議編輯的部分用黃色底的醒目提示顯示。

進行了 1 次編輯
已將《人工智慧（AI）發展史》重寫為適合幼兒園兒童閱讀的版本。請檢視並告訴我是否需要進一步修改！

已新增 5 則評論
已新增改善寫作品質的建議，請檢視並告訴我是否需要進一步修改！

人工智慧（AI）小故事

什麼是人工智慧？

🤖 💡

- 人工智慧就像一個超聰明的機器大腦，能幫助我們做很多事。
- 很久很久以前，聰明的科學家們開始思考：「我們能不能讓電腦變得像人類一樣聰明？」
- 他們發明了機器大腦，能夠學會新東西，就像小朋友上學一樣！ 📖 🎲 🖼️

❏ 依建議修改

將滑鼠游標移到建議編輯的黃色底段落，按一下，會有 ChatGPT 的修改建議。

- 人工智慧就像一個超聰明的機器大腦，
- 很久很久以前，聰明的科學家們開始思類一樣聰明？」
- 他們發明了機器大腦，能夠學會新東西

人工智慧是怎麼開始的？

ChatGPT ×

考慮加入一個簡單的例子，說明人工智慧幫助我們的具體方式，如語音助理或推薦影片。

申請

點選申請鈕，ChatGPT 會依據建議更改內容。

- 人工智慧就像一個超聰明的機器大腦，能幫助我們做很多事，比如語音助理幫我們查天氣，或推薦我們喜歡的卡通影片。

❏ 不依建議修改

如果不想依據建議修改，出現建議框時，可以點選右上方的圖示 × 。

請點選圖示 ✕ ，就可以不修改，然後此段落取消底醒目提示顯示。

5-11　最後的潤飾 - 創作成果的精緻打磨

　　加上最後的潤飾圖示 ✏️ ， 功能旨在提升文案的整體水準。透過此功能，ChatGPT 會檢查語法、修正錯字，並使文章表達更流暢，確保內容清晰且專業。特別是，我們有自行加上中文或英文段落內容時，ChatGPT 會做最後編輯潤飾。

　　請將滑鼠游標放在加上最後的潤飾圖示 ✏️ ，可以參考下方左圖。

　　按一下後，可以看到上方右圖，請再按一次圖示 ⬆️ ，ChatGPT 就會潤飾整個文件內容。

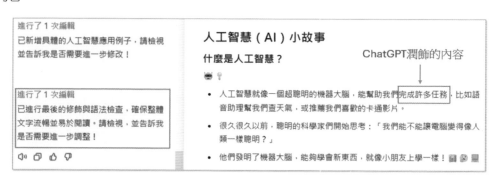

上述執行結果已經用複製的方式，儲存在 ch5 資料夾的「人工智慧 .docx」，讀者可以參考。下列是執行結果：

5-12　ChatGPT 提供連結下載

此外，我們也可以讓 ChatGPT 自行將編輯結果轉換成 Word 檔案，然後提供下載連結，可以參考下列實例。

上述點選下載連結後，是使用 ai_story.docs 儲存在 ch5 資料夾，如果開啟可以得到下列結果。

人工智慧（AI）小故事

什麼是人工智慧？

- 人工智慧就像一個超聰明的機器大腦，能幫助我們完成許多任務，比如語音助理幫我們查天氣，或推薦我們喜歡的卡通影片。

- 很久很久以前，聰明的科學家們開始思考：「我們能不能讓電腦變得像人類一樣聰明？」

- 他們發明了機器大腦，能夠學會新東西，就像小朋友上學一樣！

人工智慧是怎麼開始的？

- 1956 年，許多厲害的科學家開了一個重要的會議，決定教電腦如何解決問題。

筆者發現 Markdown 文件沒有轉換，因此請 ChatGPT 轉換，請參考下列實例。

> 你提供下載的 Word 檔案, 有關標題內容有一些 Markdown 語法沒有轉換

已修正 Markdown　[下載檔案]　新生成 Word 檔案。您可以從以下連結下載：

下載修正後的人工智慧（AI）小故事 Word 檔案 [>-]

上述點選下載連結後，是使用 ai_story_corrected.docs 儲存在 ch5 資料夾，如果開啟可以得到下列結果。

| 2 | | 4 | | 6 | | 8 | | 10 | | 12 | | 14 | | 16 | | 18 | | 20 | | 22 | | 24 | | 26 | | 28 | | 30 | | 32 | | 34 | | 36 | | 38 |

人工智慧（AI）小故事

什麼是人工智慧？

🤖 💡

- - 人工智慧就像一個超聰明的機器大腦，能幫助我們完成許多任務，比如語音助理幫我們查天氣，或推薦我們喜歡的卡通影片。
- - 很久很久以前，聰明的科學家們開始思考：「我們能不能讓電腦變得像人類一樣聰明？」
- - 他們發明了機器大腦，能夠學會新東西，就像小朋友上學一樣！🎒 😊 💻

人工智慧是怎麼開始的？

🎓 💻 🤖

- - 1956 年，許多厲害的科學家開了一個重要的會議，決定教電腦如何解決問題。

這次所有 Markdown 語法已經成功轉換了，呈現的是一個完善的文案。

第 6 章

DALL-E - AI 繪畫新風格

ChatGPT 的 DALL-E 近期推出了多項新功能，提升了用戶的圖像生成和編輯體驗：

● 局部編輯功能：用戶現在可以在生成的圖像中選取特定區域進行修改。透過點擊圖像，將圖像載入工作區，使用筆刷圈選想要修改的部分，然後輸入新的指令，DALL-E 會根據指示重新生成該區域的圖像。

● 風格選擇：在生成圖像時，DALL-E 新增了多種風格選項，如科幻、立體派、數位藝術、動漫等。用戶可以在生成前選擇喜愛的風格，使圖像更符合預期。

● 免費用戶圖像生成：DALL-E 3 現已向所有 ChatGPT 用戶開放，免費用戶每天可生成最多兩張圖像。這使得更多人能夠體驗 AI 圖像生成的樂趣。

這些更新使得 ChatGPT 的 DALL-E 功能更為強大，為用戶提供了更靈活和個性化的圖像創作體驗。

6-1　進入 DALL-E 繪圖環境

我們可以在 ChatGPT 環境，進入 DALL-E 繪圖環境。或是使用 GPT 進入 DALL-E 繪圖環境。差異如下：

● 生成圖像

 ■ ChatGPT：每次生成 1 張圖。

 ■ GPT：每次生成 2 張圖。

● 風格轉換

 ■ ChatGPT：需用 Prompt 自己描述風格。

 ■ GPT：提供風格轉換選項，可以先了解各風格的意義。不過也是需用 Prompt 描述，讓 DALL-E 了解風格轉換方式。

6-1-1　ChatGPT 啟動 DALL-E

請在 ChatGPT 4o 環境，點選檢視工具圖示，然後執行圖像。

可以看到輸入框多了「圖像」提示詞,這是主動告知,未來輸入會啟用 DALL-E,處理我們的 Prompt。

實例 1:請輸入「哈爾斯塔特的傍晚」。

上述執行後,可以得到生成 1 張哈爾斯塔特的圖像。

　　這幅圖像展現了哈爾斯塔特傍晚的迷人景致，以柔和的色彩和和諧的構圖捕捉了小鎮的詩意氛圍。湖面如鏡，完美反映了古老的阿爾卑斯風格建築，燈光點點，增添了一絲溫暖與人情味。遠處的群山與低垂的薄霧營造出神秘而寧靜的氛圍，彷彿將觀者引入一個遠離塵囂的夢幻世界。整體構圖平衡，光影變化自然，令人沉浸於這片迷人的歐洲小鎮景緻中。

　　現在如果點選圖像，可以進入局部編輯圖像環境，但是少了風格轉換選項功能列表。

　　有關圖像局部編輯功能，將在 6-4 節解說。

6-1-2　啟動 GPT 的 DALL-E

　　在 ChatGPT 視窗點選左側欄位的探索 GPT，然後請點選 DALL-E。

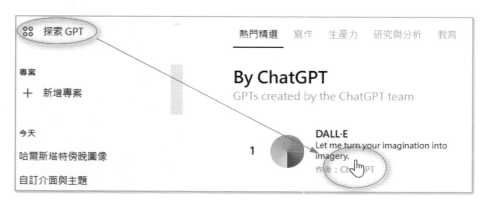

會出現 DALL-E 的對話框，請點選「開始交談」，就可以進入 GPT 的 DALL-E 繪圖創作環境。

上述可以看到圖像風格選項，讀者可以了解有哪些風格可以應用，我們可以在繪圖前先指定圖像風格，也可以繪製完成後用指定風格更改原畫作。筆者輸入如下：

執行後，可以得到 DALL-E 繪製 2 張圖像的結果。

註　我們可以點選上述特定圖像做局部編輯或是風格轉換。

　　上述哈爾斯塔特聖誕節夜晚的圖像充滿溫馨與詩意。雪覆蓋的阿爾卑斯村莊靜靜地依偎在湖畔，燈火輝煌的房屋與教堂的尖塔構成了典雅而祥和的景致。

　　湖面的倒影波光粼粼，柔和地擁抱著五彩燈光，增添了神秘與靜謐。市場上的燈籠與人群透著溫暖與生機，使整個場景散發著節日的愉悅氣氛。

　　夜空中閃爍著星辰點綴著深藍色的天空，與雪山的輪廓形成了鮮明對比。這幅圖像成功捕捉了節日的靜謐與歡愉之間的微妙平衡，讓人彷彿置身於這個迷人的聖誕夜中。

6-2　圖像風格轉換

　　DALL-E 的圖像風格轉換功能結合 AI 創意與藝術風格，讓用戶輕鬆將圖片轉換成多種藝術效果，如油畫、素描和數位藝術。這項功能激發無限創作潛力，適合設計師、藝術家與創意愛好者進行視覺實驗與專案開發。

6-2-1　合成器波風格轉換

　　生成圖像完成後，可以在輸入框上方看到風格轉換選項，若是按圖示 ⤭，可以切換顯示選項。將滑鼠游標放在風格選項上，可以列出風格樣貌，此例使用合成器波選項，以了解此風格的樣貌，如下：

實例 1：請輸入「請改用合成器波」選項，可以得到下列結果。

6-2-2　單一圖像風格轉換

　　我們可以選擇單張圖像做風格轉換，在選擇圖像過程，可以選擇這次交談過程任一張圖。此例請點選 6-1-2 節生成的圖像，可參考下圖點選左邊的圖像。

實例 1：請輸入「請用梵谷風格」，可以參考上圖，執行後可以得到下列結果。

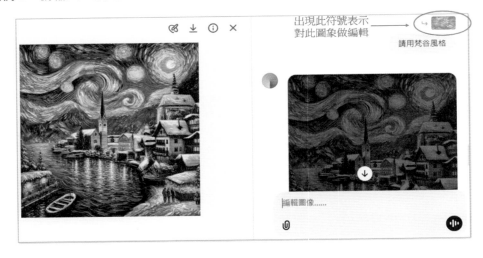

下列是放大的圖像。

　　這幅梵谷風格的哈爾斯塔特聖誕節圖像充滿了活力與情感，展現了畫家對自然與光線的敏銳洞察。扭曲而生動的筆觸為積雪覆蓋的阿爾卑斯村莊注入了動態活力。

　　湖水的反射不再只是靜謐的鏡面，而是交織著渦旋與波動，彷彿展示著大自然無盡的能量。教堂的尖塔高聳入雲，似乎在追尋星空中跳動的光點，增添了崇高與希望的象徵意義。

　　背景山巒用強烈的線條與對比鮮明的色彩描繪，展現出梵谷筆下特有的戲劇張力，而深藍色的夜空中點綴著金黃色的星辰，散發著溫暖與神秘感。

　　整體而言，這幅作品成功地將哈爾斯塔特的寧靜與節日的溫馨氛圍，融合成一場激動人心的視覺詩篇，展現了梵谷風格的經典情感與生命力。

6-2-3　其他風格轉換

　　這一節是用相同圖像做風格轉換。

❏　有極光的夜晚

實例 1：請輸入「請改成有極光的夜晚」。

　　這幅圖像展現了極光籠罩下的哈爾斯塔特聖誕夜晚。北極光的綠紫光芒在夜空中流動，為寧靜的村莊增添了夢幻色彩。燈火通明的房屋和教堂在極光的映襯下更加迷人，湖面上的倒影增強了視覺的深度與奇幻感。這個場景完美融合了自然的壯麗與節日的溫馨，創造出一個神秘而迷人的冬季奇景。

❑　下雪的夜景

實例 1：請輸入「下雪的夜景」。

　　這幅圖像描繪了哈爾斯塔特在下雪夜晚的浪漫氛圍。飄落的雪花輕輕點綴著積雪覆蓋的屋頂和街道，將整個村莊包裹在冬季的純白中。湖面倒映著節日燈光與教堂的身影，增添了溫馨與靜謐之感。夜空深藍而寧靜，星光與燈火交相輝映，使場景洋溢著節日的魔幻色彩，彷彿邀請觀者進入這個夢幻的冬季童話。

❑　連環漫畫

實例 1：請輸入「請改用連環漫畫」。

　　這幅連環漫畫風格的哈爾斯塔特聖誕夜景，以鮮明的線條與飽滿的色彩呈現，成功營造了歡樂與溫馨的節日氛圍。整體來看，構圖層次分明，各個場景在不同的漫畫分格中自然展開，為觀賞者提供了一個完整的視覺旅程。木屋、教堂與聖誕市集都經過誇張而充滿藝術感的描繪，展現了漫畫特有的戲劇張力與動感。

　　雪花飄落的背景充滿細節，而對話框和思考泡泡巧妙地補充了視覺敘事，讓人想像角色們在歡慶節日時的對話與心情。夜空的深藍色與閃亮的星星，為畫面增添了夢幻與寧靜感。

　　整體而言，這幅漫畫展現了濃烈的節日情懷與藝術趣味，將哈爾斯塔特的聖誕美景以一種新穎而富有創造力的視角呈現出來，既懷舊又充滿童話色彩。

6-3 連環漫畫與風格轉換

前一小節我們知道 DALL-E 有連環漫畫風格，我們也可以一開始就指定風格，未來在轉換風格。

6-3-1 台北 101 聖誕節的連環漫畫

實例 1：請輸入「請用連環漫畫風格，繪製台北 101 大樓的聖誕節」。

這些連環漫畫風格的台北 101 聖誕節場景充滿了節日歡樂與創意。高聳的 101 大樓以誇張的線條與鮮明的色彩呈現，上方的聖誕星與煙火增添了節慶氛圍。市集熱鬧非凡，人物互動生動，對話框與思考泡泡營造出輕鬆愉快的節日故事。

下列是用左邊的圖做風格轉換。

6-3-2　台北 101 聖誕節漫畫的風格轉換

❑　**下雪的夜晚**

實例 1：輸入「請改成下雪的夜晚」。

　　這幅漫畫式的台北 101 聖誕夜景展現了一個夢幻的下雪夜晚。雪花飄落，燈火輝煌的 101 大樓在星空下閃耀，增添了冬季的奇幻氣氛。聖誕市集洋溢著節日歡樂，人物的對話框與思考泡泡使場景更具故事性與趣味。

> **註**　筆者體會，在原始圖像是漫畫風格時，做風格轉換，DALL-E 只有對主體有風格轉換，其餘小圖則是依據原始 Prompt 繪製。

❏　傍晚

實例 1：輸入「請改成傍晚」。

　　這幅連環漫畫展現了台北 101 在聖誕節傍晚的迷人景色。夕陽的餘暉漸漸淡去，夜幕降臨，霓虹燈光與聖誕燈飾點亮了大樓與市集。市集熱鬧非凡，人物互動充滿生氣，對話框與思考泡泡增添了幽默與節日情感。

6-4　圖像局部編輯

　　DALL-E 的圖像局部編輯功能讓用戶能夠精準調整圖片中的特定區域。透過選取與輸入修改指令，AI 可重新繪製選定部分，同時保留未選取區域的完整性。這項功能適用於創意設計、修圖與視覺內容優化。

6-4-1　認識編輯環境

　　這次筆者是在 ChatGPT 環境，相當於一次生成一張圖像做說明。

實例 1：請輸入「哈爾斯塔特的聖誕節傍晚」。

上述幾個重要圖示，說明如下：

● 選取：可以選取要局部編輯的區塊。

● 儲存：可以下載儲存圖像。

● 提示詞：了解這張圖像的 Prompt，點選時會看到英文的提示詞。這是因為，雖然我們的 Prompt 輸入是中文，但是 DALL-E 內部會將中文翻譯成英文，然後依據英文詞義繪製圖像。

當點選圖示 選取時，可以在左上方控制選取游標的大小，此時編輯環境如下：

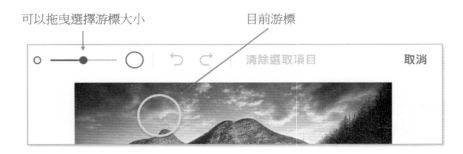

我們可以依據要修改的區域大小，調整游標大小。

6-4-2　增加 1 大 2 小的白色天鵝

實例 1：請圈選湖面區域，然後輸入「請繪製 1 大 2 小的白色天鵝」。

選取要編輯的區域 ⓘ　　圈選局部編輯區域　　說明目前是局部編輯環境　　局部編輯的內容

最後得到下列結果。

這次添加了一隻大白天鵝與兩隻小白天鵝，優雅地滑行在寧靜的湖面，為哈爾斯塔特的聖誕節傍晚增添了溫馨與自然之美。希望這幅畫面符合

編輯圖像......

註 這個測試，筆者也有失敗，也就是沒有看到天鵝，此時只要告知「沒有看到天鵝」，第 2 次就成功了。

6-4-3　增加一隻老鷹

實例 1：請圈選天空區域，然後輸入「請繪製老鷹在天空飛翔」。

可以得到下列結果。

　　這次湖面上添加了第三隻天鵝，包括一隻大白天鵝和兩隻小白天鵝，與天空中展翅飛翔的老鷹共同構成了一幅完整的自然與節日和諧景象。

註 筆者在測試過程也發生了，天鵝數量變 2 隻的情況，需提醒才復原成 3 隻，下列
是期間測試圖像，天鵝變 2 隻。

6-4-4　筆者撰寫與測試心得

在撰寫與測試中，生成圖像的過程揭示了兩個值得注意的情況：

● 飛翔的老鷹延遲顯示：初始請求添加老鷹時，未能在第一時間反映在圖像中，
需要用戶再次提醒後才出現在天空中。這可能表明 DALL-E 模型在解釋複雜場
景中容易忽略新增元素，特別是在多層次的自然場景中。

● 天鵝數量變化：起初湖面上有三隻天鵝，後來變成兩隻，未經用戶指示發生了
不預期的變化。需要用戶特別提醒後才能恢復到原本的三隻天鵝。這顯示了模
型在維護場景連續性和物件數量時的潛在局限性。

第 7 章

表格資料彙整與視覺化
圖表製作

在現代數據分析中，將繁雜的表格數據轉化為直觀的圖表，是理解和溝通的關鍵工具。本章以資料彙整與圖表製作為核心，從表格訊息的整合技巧，到折線圖等靜態與互動式圖表的設計，逐步引導讀者掌握數據視覺化的技巧。此外，股市資料的深入分析與熱力圖的應用，展示了如何在多維數據中挖掘模式與關聯。本章內容結合理論與實例，提供全方位的數據處理與視覺化技能，適合初學者及進階數據分析師學習使用。

7-1　表格訊息彙整技巧

ChatGPT 已經是貼心小助理了，在與 ChatGPT 交談過程，已經可以自主從網頁搜尋資料，同時主動彙整。例如，我們只要列出輸出格式，ChatGPT 可以自主判斷哪些是重要欄位，主動列出重要的表格欄位。

7-1-1　颱風表格

實例 1：請輸入「請用表格呈現今年侵襲台灣的颱風列表，包含名稱、時間 ... 等」

> 請用表格呈現今年侵襲台灣的颱風列表，包含名稱、時間 ... 等

以下是2024年侵襲台灣的颱風列表，包含名稱、時間等資訊：

颱風名稱	警報期間	近臺強度	登陸地點	影響概述
凱米（Gaemi）	7月23日 - 7月25日	強烈颱風	宜蘭縣南澳鄉	為全台帶來強風豪雨，南部山區降下自2009年莫拉克颱風以來最大的雨量，高雄平地單日累積雨量逼近900毫米，嘉義以南的河川多處溢堤。 _來來福_
山陀兒（Krathon）	10月1日 - 10月4日	中度颱風	高雄市小港區	以罕見的U字形路徑在台灣南部滯留兩天，帶來破紀錄的雨量，造成土石流及淹水災情。 _來來福_
康芮（Kong-rey）	10月29日 - 11月1日	強烈颱風	臺東縣成功鎮	成為有氣象紀錄以來在10月下旬登陸台灣的最強颱風，暴風圈半徑達320公里，涵蓋全台，導致22個縣市宣布停班停課。 _來來福_

請注意，以上資訊可能隨著後續報告而有所更新，建議參考中央氣象署的官方資料以獲取最新資訊。

7-1-2　今年台灣 6 級以上的地震列表

實例 1：請輸入「請用表格完整彙整台灣今年以來 6 級以上的地震」

> 請用表格完整彙整台灣今年以來6級以上的地震

以下是截至2024年12月22日，台灣地區發生的規模6級以上地震列表：

日期	時間	規模	震央位置	深度（公里）	影響與備註
2024年4月3日	07:58	7.2	花蓮縣壽豐鄉	22.5	造成18人罹難、1,155人受傷及2人失聯。
2024年4月3日	08:11	6.5	花蓮縣壽豐鄉	13.4	無人傷亡。
2024年4月23日	02:26	6.0	花蓮外海	10.0	無人傷亡。
2024年4月23日	02:32	6.3	花蓮縣壽豐鄉	10.0	無人傷亡。
2024年4月27日	02:21	6.1	花蓮縣	24.9	無人傷亡。

請注意，地震資訊可能隨時更新，建議參考中央氣象署的官方資料以獲取最新資訊。

7-1-3　台灣新生嬰兒出生統計

實例 1：請輸入「請用表格列出 2015 年以來，台灣嬰兒出生人數資料。」

> 請用表格列出2015年以來，台灣嬰兒出生人數資料。

以下是2015年至2023年間，台灣每年的出生人數統計：

年份	出生人數（人）	
2015年	213,598	
2016年	208,440	
2017年	193,844	
2018年	181,601	
2019年	177,767	
2020年	165,249	
2021年	153,820	
2022年	138,986	
2023年	135,000	

請注意，2023年的數據為初步統計，可能會有微調。　中央社

這些數據顯示，台灣的出生人數自2015年以來 ↓ 是逐年下降的趨勢。 有關更詳細的統計資料，建議參考內政部戶政司的官方網站。　研究發展書

7-2　折線圖的靜態與互動圖表製作

ChatGPT 也提供基礎圖表設計功能，這一節將用建立折線圖做說明。

7-2-1　靜態折線圖製作

在講解本節實例前，讀者需了解 ChatGPT 是在雲端用 Python 程式設計各類圖表，預設是使用英文字型，如果我們建立的圖表需要使用中文字型，必須自己上傳該字型。此例，我們需要上傳下列 Google 公司開發的字型：

NotoSansTC-Bold.otf

讀者可以搜尋該字型，然後下載，也可以用下列短網址下載：

https://is.gd/YDflXA

實例 1：請輸入「請用表格列出 2015 年以來，台灣嬰兒出生人數資料。」，執行此程式前需要先上傳字型檔案。

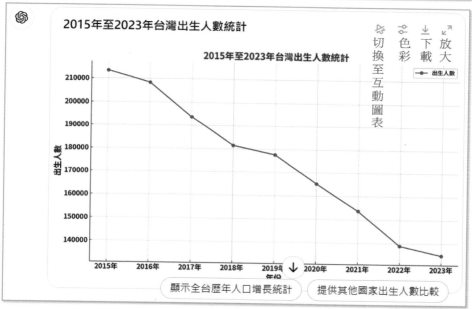

已根據台灣2015年至2023年的出生人數資料繪製折線圖，圖中使用了您提供的中文字型。若需要進一步調整或保存圖片，隨時告訴我！ [>-]

7-2-2　互動式圖表設計

　　圖表上方有切換至互動圖表的功能圖示 ⤢，點選後可以進入互動圖表設計。目前互動式圖表模式所提供的功能還不算太多，我們可以看到圖表的線條變比較平滑和變粗。

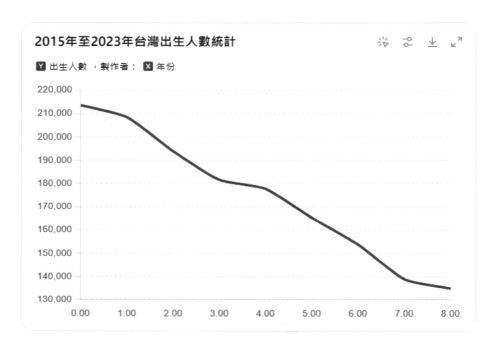

同時原先切換至互動態圖表圖示 ↗，變更為切換至靜態圖表圖示 ✳。

7-2-3 圖表顏色的編輯

圖表右上方有色彩圖示 ⚙，可以編輯該圖表的顏色，此例是折線圖，相當於可以更改折線圖的色彩。此例，筆者點選圖示 ⚙ 後，選擇寶藍色，如下所示：

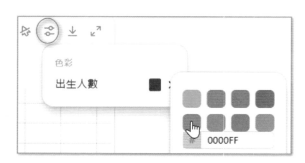

可以得到下列結果。

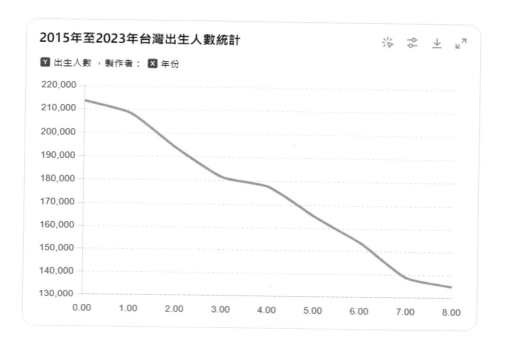

7-3 組合圖表製作

我們也可以讓 ChatGPT 繪製組合圖表，讀者可以參考下列實例過程。

實例 1：請輸入「請繪製未來一周台北市的天氣和下雨機率圖表」。

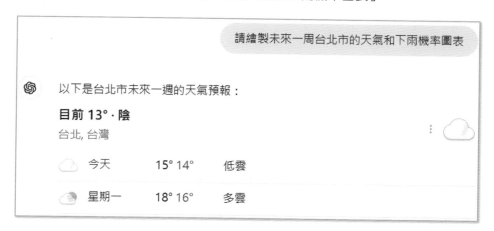

☁	星期二	18° 17°	多雲
☀	星期三	25° 18°	更溫暖
🌧	星期四	21° 16°	可能有雨
🌧	星期五	19° 14°	一至兩場短時陣雨
🌧	星期六	15° 12°	少量降雨

請注意，天氣預報可能隨時更新，建議您持續關注中央氣象署的最新資訊。

可以看到 ChatGPT 並沒有依照圖表方式表達，筆者再度告知用圖表方式表達。

實例 2：請輸入「請用圖表方式表達」。

請用圖表方式表達

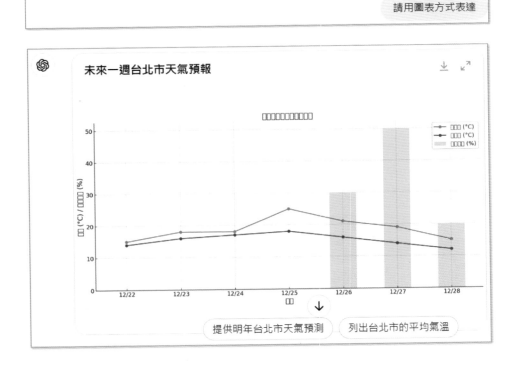

> 已繪製未來一週台北市的天氣預報與下雨機率圖表，並使用紅藍線條代表最高與最低溫度，淺藍色柱狀圖表示降雨機率。如果需要進一步調整或添加細節，請隨時告訴我！ [>-]

這次漏上傳了中文字型檔案，因此所有中文字用方框顯示。

實例 3：上傳中文字型檔案，然後輸入「請用上傳的檔案處理中文字型」。

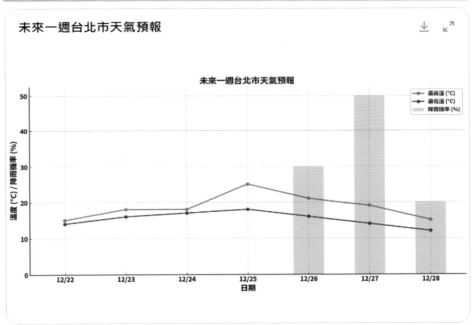

7-4 股市資料的視覺化分析

在 ch7 資料夾有 tsmc2024.csv 檔案，這是台積電 2024 年 1 月 2 日至 11 月 29 日的股市資料，前 5 列內容如下：

	A	B	C	D	E	F
1	日期	收盤	開盤	最高	最低	成交量
2	2024/1/2	593	590	593	589	27,997,826
3	2024/1/3	578	584	585	576	40,134,497
4	2024/1/4	580	580	581	577	18,063,758
5	2024/1/5	576	578	580	574	22,008,878
6	2024/1/8	583	582	585	579	19,270,119

7-4-1　繪製收盤價格圖

實例 1：請輸入「請用上傳的中文字型檔案和 tsmc2024.csv 檔案繪製今年 1 月初至 11 月底，台積電股票收盤價的折線圖」。

已將成交量以柱狀圖形式加入至圖表，並與收盤價的折線圖整合。請檢視圖表，看看是否還有其他需要調整的地方！ [>-]

7-4-2 收盤價加上成交量

在股市分析中,每天的成交量也是一個判斷股票強弱的依據,下列是增加成交量的實例。

實例 1:請輸入「可以加上成交量的柱狀圖嗎?」。

可以加上成交量的柱狀圖嗎?

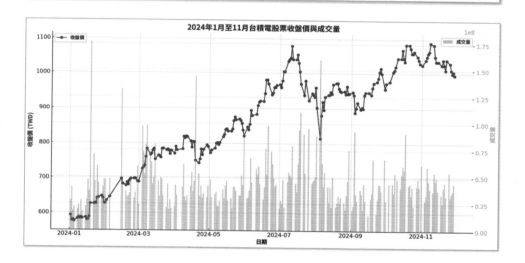

已將成交量以柱狀圖形式加入至圖表,並與收盤價的折線圖整合。請檢視圖表,看看是否還有其他需要調整的地方![>-]

7-4-3 繪製 5 日、20 日與 60 日均線

股市一週開盤 5 天,習慣上稱:

● 周線為 5 日均線。

● 月線為 20 日均線。

● 季線為 60 日均線。

實例 1：請輸入「請改成繪製 5 日，20 日和 60 日均線圖」。

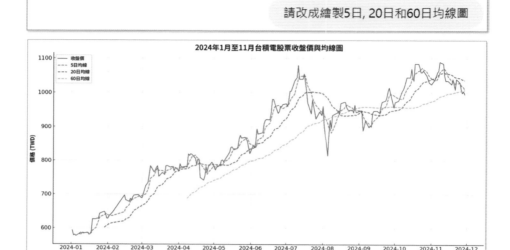

請改成繪製5日, 20日和60日均線圖

已繪製台積電股票的5日、20日和60日均線圖，並包含收盤價的折線圖，方便比較趨勢。請檢視圖表，看看是否需要進一步調整！ [>-]

7-4-4　挑選單月份顯示各均線 – 11 月

實例 1：請輸入「請將上述圖表改成繪製 11 月份的 5 日，20 日和 60 日均線圖」。

請將上述圖表改成繪製11月份的5日, 20日和60日均線圖

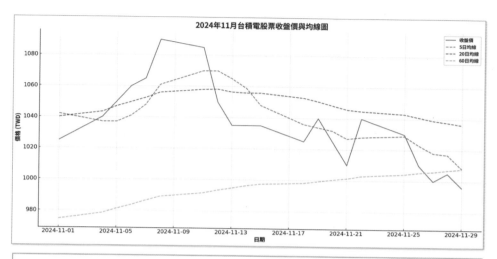

已繪製2024年11月份的台積電股票收盤價與5日、20日和60日均線圖。請檢視圖表，看看是否需要進一步調整或新增其他內容！ [>_]

7-4-5 ChatGPT 分析台積電股票的買賣點

2024 年台積電的股價波動受到市場趨勢與全球科技產業影響，透過 ChatGPT 進行股價分析，能有效挖掘短期與長期的潛在買賣點。本篇文章將以 5 日、20 日、60 日均線為基礎，結合全年數據，深入解析台積電的最佳買入與賣出時機，協助投資人掌握市場脈動，制定更精確的投資策略。

實例 1：請輸入「請分析圖表，同時列出今年以來台積電的好買點和賣點」。

請分析圖表, 同時列出今年以來台積電的好買點和賣點

從上述圖表和均線分析可以得出一些結論，同時綜合整年的數據來提供買賣點建議：

均線圖的分析

1. **5日均線**：反映短期趨勢，適合短線交易。

2. **20日均線**：反映中期趨勢，適合波段操作。

3. **60日均線**：反映長期趨勢，適合價值投資或長期持有。

在11月的圖表中，當**短期均線（5日均線）穿越中期均線（20日均線）向上，代表多頭趨勢，是短期買點**的信號。反之，當短期均線向下穿越中期均線，代表空頭趨勢，是短期**賣點**的信號。

今年以來的好買點

1. **突破短期低谷的反彈點**：

   - 1月初（收盤價大約593元）：價格觸底後迅速反彈，是短期買入的良機。
   - 11月中旬：短期價格下跌後，隨即在均線支撐處反彈。

2. **均線多頭排列出現時**：

   - 當5日均線與20日均線形成**金叉**（5日均線上穿20日均線），如2月中旬和7月初，往往出現短期價格上漲。

3. **長期均線支撐區域**：

   - 年中（約5-6月）：60日均線支撐價格的區間，適合逢低佈局。

今年以來的好賣點

1. **短期高峰出現的回調點**：

   - 3月中旬和8月中旬（價格約620元）：短期價格快速上升，突破歷史高點後，隨即回調。

2. **均線空頭排列出現時**：

   - 例如9月底：5日均線下穿20日均線形成**死叉**，出現一波快速下跌。

3. **長期趨勢反轉的訊號**：

   - 當60日均線從支撐位變為壓力位時（如10月底），表明價格中期下跌，適合獲利了結。

投資建議

- **短線操作**：關注5日均線穿越20日均線的時機，作為買入或賣出的依據。
- **波段操作**：等待價格靠近20日均線的支撐位買入，並在20日均線阻力位賣出。
- **長線持有**：價格在60日均線附近時分批佈局，長期持有。

若需更詳細的買賣點建議，可提供進一步分析圖表數據或模擬具體操作情境！

　　ChatGPT 對台積電 2024 年股票買賣點的分析展現出相當扎實的邏輯與清晰的結構。其以均線為核心的技術指標分析，從短期、中期到長期的不同角度提供了買賣點的建議，具有一定的參考價值。特別是透過 5 日、20 日與 60 日均線的交叉點，清楚指出了潛在的金叉與死叉信號，幫助投資者判斷多空趨勢。不過，該分析主要基於技術面，未涉及基本面因素，對於追求更全面決策的投資者，仍需輔以其他分析方法進一步驗證。整體而言，ChatGPT 的回應簡潔有力，對股票技術分析有顯著助益。

註 有關更多這方面的知識，可以參考筆者所著「AI 投資理財賺錢術 – No Code 也能賺大錢」。

7-5 熱力圖分析與應用

　　ChatGPT 功能不斷擴充，目前也已經提供熱力圖繪製，這一節將做說明。

7-5-1 認識熱力圖

　　熱力圖（Heatmap）是一種數據可視化工具，主要用於展示數值數據的模式和分佈情況。其特色如下：

❑ 色彩表達數據強度

- 熱力圖透過不同顏色的深淺或色調變化，表達數據的大小或強度。
- 通常，數據值越高，顏色越深（例如紅色）；數據值越低，顏色越淺（例如藍色）。

❏ **直觀展示數據模式**

- 熱力圖適合展示大規模數據集中值的分佈情況。
- 容易發現數據的異常值、趨勢和群集（Clusters）。

❏ **應用範圍廣泛**

- 地理數據：用於地圖上表示人口密度、氣候變化或其他地理相關數據。
- 相關性矩陣：用於統計學和機器學習中，展示變數之間的相關性。
- 業務數據：分析網站訪問行為，像是熱區（Click Heatmap）。

❏ **靈活的可視化表現**

- 支援不同的網格大小和顏色映射（Color Mapping）。
- 能結合其他圖表（如地圖、時間序列等）共同展示數據。

❏ **適合多維數據**

- 熱力圖可以在表格或矩陣形式中展示多維數據的比較，例如產品銷售額與時間、地區的關係。

❏ **色彩設計的重要性**

- 熱力圖的可讀性與色彩設計密切相關。
- 選擇適合的顏色漸變能讓圖表更易於解讀，避免過度鮮艷或低對比的顏色搭配。

所以熱力圖是一種快速、直觀且功能強大的數據可視化工具，特別適合展示複雜數據的分佈和模式。

7-5-2　認識數據 invest.csv

在 ch7 資料夾有 invest.csv 檔案，這個檔案內容如下：

	A	B	C	D	E
1	年份	Apple (AAPL)	Microsoft (MSFT)	10 年期國債	黃金 (GLD)
2	2015	-3.01%	22.69%	2.14%	-10.42%
3	2016	12.48%	15.08%	2.45%	8.56%
4	2017	48.46%	40.73%	2.41%	13.09%
5	2018	-5.39%	20.80%	2.69%	-1.58%
6	2019	88.96%	57.56%	1.92%	18.36%
7	2020	82.31%	42.53%	0.93%	25.12%
8	2021	34.65%	52.48%	1.52%	-3.64%
9	2022	-26.40%	-28.02%	3.88%	-0.28%
10	2023	49.01%	58.19%	4.43%	7.18%
11	2024	17.44%	10.96%	4.43%	5.23%

❑ **認識數據**

上述檔案內容說明如下：

● 數據結構：

■ 檔案包含多年的數據記錄，一次為年份（如 2015、2016 … 等）。

■ 後續列為各資產的年度報酬率，表示為百分比（例如 12.48%、-3.01% 等）。

● 主要資產：

■ Apple (AAPL)： Apple 股份的年度報酬率。

■ Microsoft (MSFT)：Microsoft 股份的年度報酬率。

■ 10 年期國債：10 年期國債的報酬率。

■ 黃金 (GLD)：黃金的年度報酬率。

● 數據格式：

■ 百分比形式的數據已轉換為小數（例如 12.48% 轉換為 0.1248），便於進行數值運算和相關性分析。

■ 數據之間呈現時間序列特性，適合進行年度比較和趨勢分析。

❑ **熱力圖呈現數據的理由**

● 直觀展示資產之間的相關性：熱力圖利用顏色深淺表現不同資產的相關性，直觀呈現出哪些資產之間具有較強的正相關或負相關，幫助投資者迅速了解數據的關係。

- 資產組合管理的依據：資產相關性是投資組合管理的重要指標。低相關或負相關的資產可以降低組合的總風險，而高相關性則可能導致較大的波動。透過熱力圖，投資者可以評估組合內資產的相關性分佈，優化投資配置。

- 辨別潛在的避險資產：若某資產（如黃金）與其他資產的相關性普遍為負或低，可以被視為避險工具。熱力圖快速展示這些模式，幫助投資者識別避險資產。

- 找出可能的市場趨勢或異常：資產之間的高相關性可能反映了市場趨勢，而異常的低相關性或負相關性可能提示某些資產受到特定因素影響。熱力圖幫助快速定位這些特徵。

- 多維數據的有效呈現：資料檔案中的數據（如 Apple、Microsoft、黃金、10年期國債）以多個維度記錄資產的年度報酬率。熱力圖是一種有效的方式，將這些多維數據的內在關聯性壓縮成易讀的圖表。

- 數據檔案的特性適合熱力圖：invest.csv 包含資產的年度報酬率，是連續型數據，且變化範圍相對固定（百分比範圍）。熱力圖能準確捕捉這些數據之間的數學相關性並視覺化。

- 輔助定量分析與決策：熱力圖是資產相關性矩陣的可視化工具，提供初步的數據洞察。在此基礎上，投資者可以進一步應用其他量化模型進行更深入的分析。

從上述可以知道使用熱力圖分析 invest.csv 檔案，不僅能清楚揭示資產之間的關聯模式，還能為投資決策提供直觀且有價值的視覺輔助。

7-5-3　用熱力圖呈現資產相關性

實例 1：請輸入「請用上傳的中文字型和 invest.csv 檔案，繪製熱力圖顯示資產之間的相關性」。

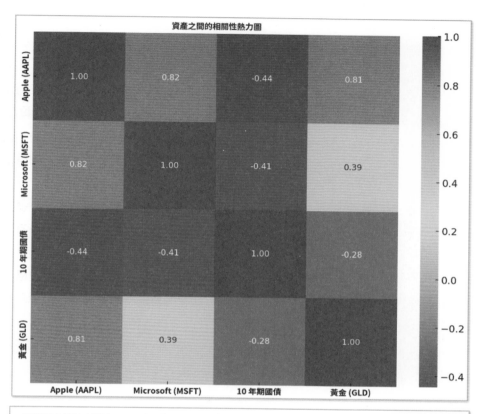

已根據上傳的字型和CSV檔案繪製資產相關性熱力圖，展示 Apple (AAPL)、Microsoft (MSFT)、10年期國債和黃金 (GLD) 之間的相關性。

從上述熱力圖我們可以知道：

❑ 資產之間的相關性強度

- Apple (AAPL) 與 Microsoft (MSFT)：
    - 這兩個資產之間的相關性顯著較高，顏色深紅。
    - 解釋：作為科技股的代表，它們的報酬率可能因類似的市場趨勢而同步變動，例如科技產業的增長或市場情緒影響。
- 10 年期國債與黃金 (GLD)：
    - 相關性較低甚至接近負相關，顏色較藍。
    - 解釋：這可能是因為這兩個資產通常被視為避險工具，在經濟不穩定時，投資者可能轉向其中之一而非兩者同時增加投資。

❑ **跨類別資產的相關性**

- 科技股與避險資產：

  ■ Apple (AAPL) 和 Microsoft (MSFT) 與黃金 (GLD) 或 10 年期國債之間的相關性較低，顏色接近藍色或淡紅。

  ■ 解釋：科技股的波動更多與市場風險有關，而避險資產通常在市場下跌時表現良好，因此兩者呈現低相關性甚至負相關。

❑ **相關性模式的潛在意義**

- 資產配置建議：投資組合中可考慮將科技股（AAPL、MSFT）與避險資產（黃金或國債）結合，因為這樣的配置可能降低整體波動性。

- 分散投資的機會：由於 10 年期國債和黃金 (GLD) 與科技股相關性較低，它們可以在組合中扮演對沖角色，降低單一資產類別下跌時的損失。

❑ **熱力圖的重要洞察**

- 高相關性（紅色區域）：Apple 和 Microsoft 表現同步，適合用來捕捉科技板塊的整體趨勢，但不能有效分散風險。

- 低相關性（藍色區域）：黃金和 10 年期國債與其他資產相關性低，適合作為分散風險的工具。

上述熱力圖清楚顯示了不同資產間的相關性，提供以下關鍵建議：

- 多元化組合：利用低相關性資產（例如黃金與國債）與高報酬潛力的科技股搭配。

- 市場趨勢判斷：高相關性的科技股（Apple 和 Microsoft）適合用來捕捉科技產業的表現。

- 避險策略：在市場波動較大時，考慮增加低相關性的避險資產比例。

第 8 章

專案 (Projects) 管理功能

　　過去在與 ChatGPT 的對話中，雖然可以進行多次交流，但這些記錄通常是分散的，特別是在涉及多個主題或長期討論時，後續要回顧或搜尋某個特定主題的內容確實會變得不方便。

　　有了「專案」功能後，可以將同一主題相關的交談記錄、筆記和文件整合到一個專案中，形成有條理的結構。不僅能集中管理相關資訊，還能藉由搜尋功能快速定位特定內容，省去翻閱大量記錄的麻煩。這不僅提高了效率，也讓過去的交談內容能在未來發揮更大的價值。這樣的管理方式，無論是個人工作還是團隊協作，都非常實用！

　　本章將詳細介紹如何創建專案、組織內容及應用於各種場景，讓您充分發揮 ChatGPT 的潛能，簡化複雜工作流程。

8-1　專案功能的核心概念

　　ChatGPT 的「專案」（Projects）功能是一項為用戶提供系統化工作管理的創新工具。該功能旨在協助用戶將與某一任務或目標相關的所有對話、文件和資料集中到一個統一的專案中，提供高效的組織方式，避免資訊散亂或重複查找的情況。無論是個人工作還是團隊協作，「專案」功能都能幫助用戶更好地規劃、執行和追蹤工作。

8-1-1　專案功能的主要特點

❑　**資料集中化管理**

- 將相關的對話、筆記和檔案整合在同一專案中，形成一個全方位的訊息中心。
- 適用於多任務並行或需要長期追蹤的工作。

❑　**靈活的專案設置**

- 用戶可以自定義專案名稱、描述、類別和屬性，方便快速識別和分類。
- 支援根據需要隨時修改專案資訊。

❑　**高效的內容搜尋與過濾**

- 提供專案內部和跨專案的搜尋功能，幫助快速找到所需資料。
- 透過標籤或分類功能，讓內容管理更加有條理。

❑ **支援多專案並行**

- 用戶可以同時建立並管理多個專案,並輕鬆在專案之間切換而不影響工作流程。

- 每個專案的資料彼此獨立,確保資訊的專屬性和隱私性。

❑ **整合與協作**

- 與 ChatGPT 的其他功能(如筆記、文件上傳等)緊密結合,打造全方位的工作管理平台。

- 支援團隊協作模式,方便多用戶共同參與專案。

8-1-2 專案功能的核心價值

「專案」功能的推出,不僅提升了用戶在工作管理中的條理性與高效性,也拓展了 ChatGPT 作為生產力工具的應用範圍。它特別適合需要處理大量資訊或長期任務的用戶,幫助他們更好地應對複雜的挑戰。這使得 ChatGPT 不僅是一個對話助手,更成為強大的專案管理平台。

8-2 建立新專案的操作指南 – AI 投資分析股市

本節將逐步引導您如何在 ChatGPT 的「專案」功能中創建新專案。透過清晰的步驟說明,您將能輕鬆完成專案的建立,並有效管理與組織工作內容。

一個專案可以是一個研究主題,即使所有內容都由 ChatGPT 生成且沒有任何外部文件也無妨。概念如下:

- 專案主題:
  - 次主題內容 1
  - 次主題內容 2
  - 次主題內容 3

對於每個次主題,我們都可以在專案內與 ChatGPT 開啟相關的交談。如此一來,未來您將能輕鬆搜尋並檢索專案內容,提高工作效率與資料整合能力。這一節將以股市投資為例,建立專案「AI 投資分析股市」。

8-2-1　了解建立專案的步驟

實例 1：建立「AI 投資分析股市」專案。

1. 進入專案功能

- 開啟 ChatGPT 側邊欄，找到「專案」（Projects）功能。

2. 開始建立新專案

在 ChatGPT 側邊欄，點擊「新增專案」功能。

3. 填寫專案基本資訊

在彈出的專案設定介面中，填寫專案名稱，請選擇簡潔且具有描述性的名稱，方便快速辨識專案內容。例如：「年度報告計畫」或「產品開發專案」。

此例是填寫「AI 投資分析股市」。

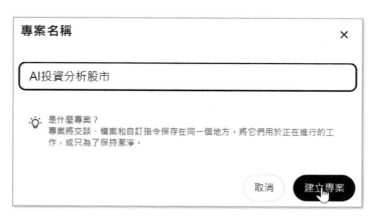

請點選建立專案鈕，可以看到下列畫面，這就表示建立專案成功了。

此例，筆者點選「新增指令」，輸入「請用小學生可以懂的方式回應」。

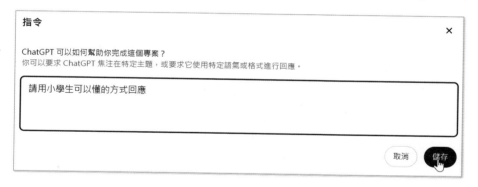

請點選儲存鈕，可以得到下列結果。

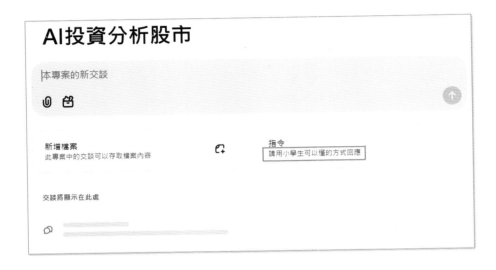

8-2-2　建立交談

上述我們可以直接建立交談主題與內容。

實例 1：建立第 1 比交談，請輸入「請說明股市 K 線圖」。

執行後，可以得到下列出現新交談的結果。

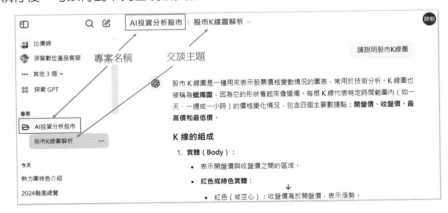

　　在上述交談主題下，讀者可以像往常一樣與 ChatGPT 聊天，完成後點選專案名稱可以回到專案環境。

　　未來點選交談主題，可以進入交談主題環境。了解上述觀念後，可以依此原則建立其他交談主題。

8-2-3　其他交談主題加入專案

　　ChatGPT 也允許將已經有的其他交談主題加入專案。

實例 1：將「股價反轉現象分析」主題加入「AI 投資分析股市」專案。

　　請點選「股價反轉現象分析」主題右邊的圖示 ⋯ 。然後請執行新增至專案 /AI 投資分析股市。

　　可以得到下列結果。

上述顯示「股價反轉現象分析」聊天主題，已經變成「AI 投資分析股市」專案內，其中一個交談主題了。

8-3 專案交談記錄編輯

經過前一節的內容，此時「AI 投資分析股市」專案內有 2 組交談記錄，分別是「股價反轉現象分析」與「股市 K 線圖解析」。

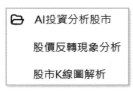

8-3-1 顯示與隱藏交談項目

側邊欄專案左邊的圖示 🗁，點選可以顯示與隱藏此專案的交談記錄。

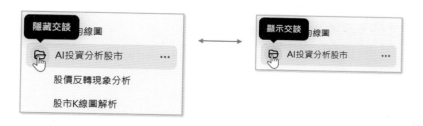

8-3-2　側邊欄單一交談記錄編輯

如果點選單一交談記錄的圖示 ⋯ ，可以看到下列指令：

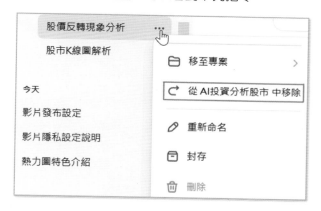

上述指令的名稱意義非常清楚了，其中「從 AI 投資分析股市 中移除」意義是，該交談項目會從此專案移除，但是仍保留在側邊欄位。

8-3-3　專案內部單一交談記錄編輯

若是將滑鼠游標移到專案內的項目，也可以看到圖示。

點選後可以得到與 8-3-2 節相同的指令選項。

8-4　專案實作範例與應用 – AI 分析均線

這個專案假設需要有下列文件：

- acer2024.csv：宏碁 2024 年股市開盤、收盤、最高價、最低價與成交量表。
- tsmc2024.csv：台積電 2024 年股市開盤、收盤、最高價、最低價與成交量表。
- NotoSansTC-Bold.otf：中文字型檔案

專案名稱是「AI 分析均線」，我們可以依照下列各節步驟建立。

8-4-1　建立專案

請點選側邊欄「專案」標題右邊的圖示＋，如下：

出現專案名稱對話方塊，請輸入「AI 分析均線」。

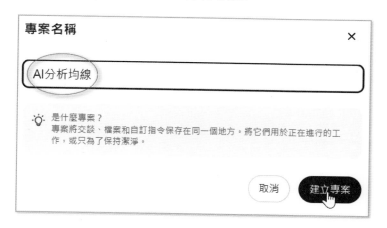

請點選建立專案鈕，可以得到所建立的專案。

8-4-2　新增檔案

　　請上傳 ch8 資料夾的 tsmc2024.csv 和 acer2024.csv 檔案，另外需上傳字型檔案中文字型檔案 NotoSansTC-Bold.otf。新增檔案過程會看到下列畫面：

　　上述畫面可以不必理會「可能無法存取」字串，按右上方的關閉圖示 ✕ ，就可以了，會看到下列結果。

8-4-3 新增指令

過去我們每一次要繪製圖表時，均須上傳中文字型，同時告訴 ChatGPT 圖表要用上傳的中文字型，現在專案已經有中文字型檔案，所以不用上傳中文字型檔案了。如果我們在「新增指令」欄位加上「圖表字型請用專案的 NotoSansTC-Bold.otf 中文字型」，這樣在輸入 Prompt 時，就可以省略重複告知使用中文字型。

請點選新增指令，然後輸入如下：

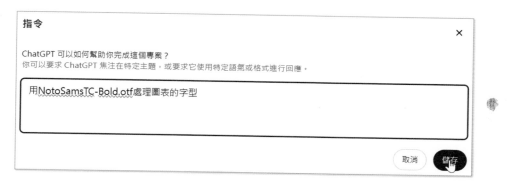

請按儲存鈕，可以得到下列結果。

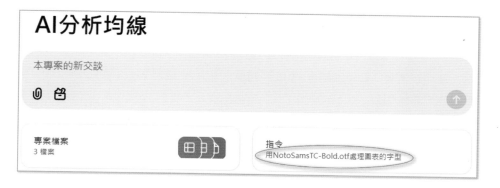

8-4-4 專案交談實際測試

實例 1：請輸入「請用 acer2024.csv 繪製 2024 年 1 月至 11 月宏碁股票的 5 日, 20 日和 60 日收盤價的均線」。

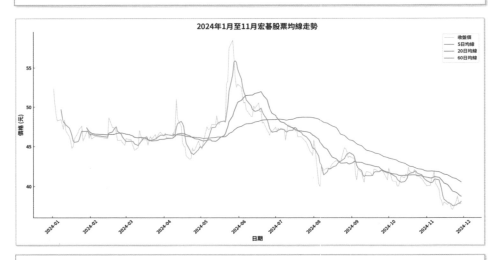

> 請用acer2024.csv繪製2024年1月至11月宏碁股票的5日,
> 20日和60日收盤價的均線

這是宏碁股票在2024年1月至11月的5日、20日和60日均線圖表。若需要調整或添加其他分析,請告訴我!〔>-〕

在上述繪製過程,因為 acer2024.csv 檔案已經上傳在專案內,所以我們可以省略再一次上傳檔案,同時在「指令」欄位已經告知要使用 NotoSans-Bold.otf 中文字型檔案。從上述可以得到,ChatGPT 已經依照我們的指示完成宏碁股票的 5 日, 20 日和 60 日收盤價的均線繪製。

有了上述線圖,讀者可以用 AI 做更進一步的分析,細節不在本書討論範圍,讀者可以參考筆者所著「AI 投資理財賺錢術 – No Code 也能賺大錢」。

第 9 章

Sora 創意影片生成與應用

9-1　Sora 發表與成就

　　Sora 是一個幫助創意工作者設計圖片和影片的軟體，由 OpenAI 開發，其強項在於結合人工智慧技術，提供即時影像生成、藝術風格轉換和動畫製作功能，讓創作者輕鬆實現專業級設計。隨著人工智慧技術的進步，創作變得更簡單、更有趣。Sora 能幫助設計師、藝術家和內容創作者輕鬆製作高品質的視覺內容，無論是廣告設計、社群媒體內容，還是藝術創作，應用範圍極廣。

　　Sora 的概念來自於創意市場的需求，開發團隊致力於設計一個功能強大且易於使用的工具，讓任何人都能輕鬆發揮創意，改變影像製作的方式。

9-1-1　開發與推出

　　Sora 是 OpenAI 推出的影像創意軟體，讓用戶可以快速製作藝術風格的圖片和動畫。使用 Sora，不需要專業技術，也能輕鬆完成創意作品，從個人創作到商業項目，都能滿足需求。開發過程重要里程如下：

- 2023 年 8 月：Sora 開始內部測試，修正問題，強化功能，確保軟體的穩定性與使用體驗。
- 2024 年 1 月：開放封閉測試，邀請創作者試用並提供寶貴意見，幫助平台進一步優化。
- 2024 年 6 月：啟動全球公開測試，吸引數以萬計的用戶註冊與試用，許多創作者分享了使用 Sora 製作的成功案例，例如廣告影片、社群行銷內容和藝術作品，這些作品在設計競賽中屢獲佳績，進一步擴大了用戶社群。
- 2024 年 12 月：Sora 正式發佈，受到許多創意工作者的喜愛，成為影像設計與創意製作的重要工具。

9-1-2　功能介紹

　　Sora 的功能越來越多，主要特色包括：

- 創意製作：快速生成圖片與影片，支援多種創意風格，從手繪效果到寫實渲染。
- 風格變換：套用不同藝術風格，從經典名畫風到現代設計風，創造多樣化作品。
- 動畫製作：提供動畫與影片剪輯功能，讓創作變得更生動、更具吸引力。

● 團隊合作：支援多人協作，適合團隊專案，方便意見交流與版本控制。

● 資源庫支援：提供豐富的素材庫，用戶可輕鬆存取和應用，節省創作時間。

9-1-3　全球成就

Sora 很快成為全球創作者的熱門工具，受到許多設計師、藝術家和創意團隊的廣泛喜愛。它不僅操作簡單，還擁有強大的功能，滿足從個人愛好到專業專案的多元需求。

在多個創意比賽和設計展覽中，Sora 用戶的作品屢獲大獎，成為創意行業中的佼佼者。其靈活性與強大的影像處理能力，使其成為許多設計工作室和行銷機構的首選工具。

9-1-4　未來計劃

Sora 的未來發展將持續增加新功能，讓創意變得更輕鬆、更有趣。未來版本將引入更多人工智慧驅動的工具，如自動場景生成、智慧人物建模和語音控制，進一步簡化創作流程。

開發團隊還計劃擴展 Sora 的資源庫，與更多藝術家與設計機構合作，推出專業級設計素材。此外，Sora 將積極開發行動版應用程式，讓用戶隨時隨地進行創意設計，激發無限可能！

9-2　進入與認識 Sora

9-2-1　進入 Sora

讀者可以使用下列網址進入 Sora。

https://openai.com/sora/

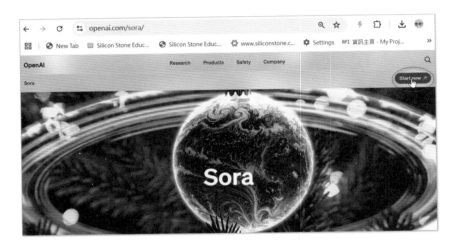

進入後請點選 Start now，可以進入 Sora 工作視窗。

9-2-2　Sora 的帳號環境

進入後視窗環境如下：

視窗右上方可以看到自己的帳號，請點選可以看到下列內容：

設定

輔助說明

影片課程

我的方案

剩餘點數

放鬆模式

登出

❏ 設定 Settings

可以設定 Sora 環境、了解自己的帳號權力或是限制，若是 Settings 是 General，將看到下列畫面：

預設 Sora 是在深色模式，顯的專業。不過這是一本教學書，黑底白色的畫面印刷時不容易清楚呈現，所以筆者將 Theme 欄位，改成 System(或是 Light)，這是淺色模式，未來讀者看到的畫面皆是白色底。下列是上述視窗 2 個欄位說明：

● Publish to explore

  ■ 您創建的影片可以在探索動態中被其他人看到。關閉此設定不會取消已經在動態中的影片的發布。

  ■ 使用上傳媒體創建的影片將不會被發布。

● Improve the model for everyone：允許您的內容用於訓練我們的模型，這將使 Sora 對您以及所有使用者更好。我們會採取措施保護您的隱私。

若是 Settings 是 My plan 可以參考下面有選項說明。

❏ 輔助說明 Help

輔助說明，中文意義是：Sora 是 OpenAI 推出的影片生成模型，允許用戶根據文字描述創建長達 20 秒的影片。 目前，Sora 對 ChatGPT Plus、Team 和 Pro 用戶全面開放。

- 在 Sora 上生成影片

  - 開始創建：在 Sora 影片編輯器中，您可以在螢幕底部的輸入框中輸入文字描述，或點擊「+」上傳圖片或影片作為初始提示。

  - 設定參數：提交提示後，您可以調整影片的長寬比、解析度、影片長度以及生成的影片數量。請注意，這些設定會影響所需的點數數量。

  - 生成影片：提交後，Sora 可能需要約一分鐘來生成影片。您可以隨時點擊頁面右上角的圖示查看影片狀態。

  - 預覽與編輯：影片生成後，將顯示在您的資料庫中。您可以預覽、編輯、分享或下載影片。編輯功能包括重新剪輯、重新混合、混合和循環等。

- 使用故事板功能：Sora 的故事板功能允許您透過在時間軸上選擇特定時間點的畫面來創建影片。

  - 添加內容：在每個卡片中，您可以上傳影片、圖片或使用文字描述特定時間點的內容。

  - 調整時間軸：在時間軸上拖動卡片以設置故事的節奏。建議在卡片之間留出空間，以便場景之間有平滑的過渡。

  - 設定參數：在頁面底部，您可以設置長寬比、解析度、時間長度和變體影片數量。請注意，這些設定會影響所需的點數數量。

- 常見問題

  - 各 ChatGPT 等級的功能：

    - ChatGPT Plus 和 Team：每月可生成最多 50 個優先影片（1,000 點數），最高支援 720p 解析度和 5 秒時長。

    - ChatGPT Pro：每月可生成最多 500 個優先影片（10,000 點數），無限的非優先影片，最高支援 1080p 解析度、20 秒時長，並可同時進行 5 個生成。

  - 點數使用：更高的解析度、較長的時間長度和更多的變體會消耗更多的點數。

  - 影片分享：您可以將影片分享到 Sora 的精選動態中，供其他用戶觀看和互動。

❏ **影片課程 Video tutorials**

在此可以看到 Quick start(快速開始)、Storyboard(故事板)、Recut(重新剪輯)、Remix(重新混合)、Blend(混合) 與 Loop(循環) 課程的影片。

❑ **My plan**

若是 Settings 是 My plan，將看到下列畫面：

❑ **點數 Credits**

可以知道自己目前點數。

❑ **放鬆模式 Relax Mode**

當您的點數用完時，您可以在我們的放鬆佇列中生成額外的影片。ChatGPT Plus 的方案允許在放鬆模式下一次生成 2 部影片。

9-2-3 認識 Sora 視窗

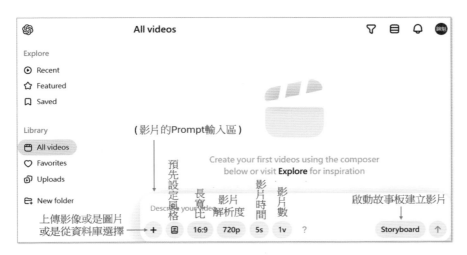

上述欄位說明如下：

- 變體影片數 (Variations)：可以選擇一個 Prompt 生成 1 或 2 部影片。

- 影片時間 (Duration)：如果影片解析度是 720p 則是 5 秒。如果影片解析度是 480p，則可以選擇 5 或 10 秒。

- 影片解析度 (Resolution)：ChatGPT Plus 的用戶，可以選擇 480p 或是 720p。註：由於有點數限制，建議剛開始可以選擇 480p 解析度，耗損的點數比較少。

- 長寬比 (Aspect ratio)：預設是 16:9，也可以選擇 1:1 或是 9:16。

- 預先設定 (Presets) 風格：這是影片風格選項，預設是 None。如果目前選項是 None，圖示是 🎬。如果有設定下列選項，則圖示右下角有「打勾」符號，此時圖示是 🎬✓。預先設定幾個選項意義如下：

  - Ballon World：可為影片增添卡通般的奇幻外觀，具有誇張的形狀、鮮豔的色彩和輕鬆愉快的氛圍，特別適合兒童觀眾。

  - Stop Motion：這是「定格動畫」，此風格可為影片增添手工製作的質感，模擬傳統定格動畫的效果，呈現出獨特的視覺魅力。

  - Archival：風格可為影片增添懷舊的檔案影片效果，模擬舊時代的影像質感，適合用於創作復古主題的內容。

  - Film Noir：可為影片增添經典黑白電影的效果，強調陰影對比和戲劇性的光影，營造出懸疑、神秘的氛圍。

  - Cardboard & Papercraft：可為影片增添手工製作的質感，模擬以紙板和紙藝材料製作的效果，呈現出獨特的視覺魅力。

- StoryBoard：可以啟動故事板建立影片環境。

9-3　建立影片 Prompt 參考

當可以用文字建立影片時，相信讀者內心是興奮的，也可能不知從何著手，下列是筆者依據 5 秒可以生成的影片，提供一些方向建議。

❑ 自然風光 / **Natural Scenery**

主題名稱：夕陽海岸 / Sunset Coast

- Prompt
  - 中文：黃昏時分的海邊，有波浪輕輕拍打岸邊，天空充滿橘紅色的雲彩。
  - 英文：A seaside at dusk, with gentle waves lapping the shore and the sky filled with orange and red clouds.

主題名稱：森林光影 / Forest Light and Shadow

- Prompt
  - 中文：在密林中，陽光從樹葉間灑下，形成斑駁的光影。
  - 英文：In a dense forest, sunlight streams through the leaves, creating dappled patterns of light and shadow.

主題名稱：山谷溪流 / Valley Stream

- Prompt
  - 中文：山谷間的小溪潺潺流淌，旁邊盛開著野花。
  - 英文：A small stream trickling through a valley, with wildflowers blooming alongside.

❑ 未來科技 / **Futuristic Technology**

主題名稱：未來城市 / Future Metropolis

- Prompt
  - 中文：未來城市的夜景，高樓上流動的霓虹燈光，街道上有自駕車行駛。
  - 英文：A futuristic cityscape at night, with neon lights flowing on skyscrapers and self-driving cars on the streets.

主題名稱：全息星系 / Holographic Galaxy

- Prompt
  - 中文：一個全息螢幕上展示星系的 3D 模型，周圍有虛擬按鈕漂浮。
  - 英文：A holographic screen displaying a 3D model of a galaxy, surrounded by floating virtual buttons.

主題名稱：機器人服務 / Robot Service

- Prompt
  - 中文：機器人在人類餐廳中微笑著服務，手中端著一杯咖啡。
  - 英文：A robot smiling while serving in a human restaurant, holding a cup of coffee.

❏ 夢幻奇幻 / Fantasy and Magic

主題名稱：漂浮島嶼 / Floating Island

- Prompt
  - 中文：一片漂浮的島嶼，上面有瀑布從邊緣傾瀉而下，四周環繞著雲霧。
  - 英文：A floating island with waterfalls cascading off its edges, surrounded by misty clouds.

主題名稱：魔法鳳凰 / Magical Phoenix

- Prompt
  - 中文：一位魔法師揮舞魔杖，施展出閃耀的星光，星光化為飛翔的鳳凰。
  - 英文：A wizard waving a wand, casting a spell of sparkling starlight that transforms into a flying phoenix.

主題名稱：紫色古城 / Purple Ancient City

- Prompt
  - 中文：一座被紫色光芒包圍的神秘古城，天空中懸浮著行星。
  - 英文：An ancient mystical city bathed in purple light, with planets floating in the sky above.

❏ 都市生活 / Urban Life

主題名稱：早晨街頭 / Morning Streets

- Prompt
  - 中文：早晨的城市街道，人群匆忙，咖啡館飄出濃濃咖啡香氣。
  - 英文：A bustling city street in the morning, with people rushing and the aroma of coffee wafting from cafes.

主題名稱：夜晚光軌 / Night Light Trails

- Prompt
  - 中文：夜晚的天橋上，車流形成亮麗的光軌，遠處是點點星光。
  - 英文：A pedestrian bridge at night, with traffic forming vivid light trails and stars twinkling in the distance.

主題名稱：公園噴泉 / Park Fountain

- Prompt
  - 中文：公園中的噴泉，孩子們在追逐氣泡，陽光灑在水面上。
  - 英文：A fountain in a park, with children chasing bubbles and sunlight reflecting off the water.

❏ 抽象藝術 / Abstract Art

主題名稱：旋轉色彩 / Swirling Colors

- Prompt
  - 中文：五彩斑斕的液體在黑暗背景中旋轉，形成美麗的動態圖案。
  - 英文：Colorful liquids swirling on a dark background, forming beautiful dynamic patterns.

主題名稱：幾何漂浮 / Floating Geometry

- Prompt
  - 中文：金屬質感的幾何體漂浮在虛空中，不斷變換形狀。
  - 英文：Metallic geometric shapes floating in a void, continuously morphing in form.

主題名稱：節奏光帶 / Rhythmic Light Ribbon

- Prompt
  - 中文：一條流動的光帶，隨著節奏跳動並變化顏色。
  - 英文：A flowing ribbon of light pulsating to a rhythm and changing colors.

9-4　文字生成影片

　　Sora 的文字影片功能專為快速創作精美影片而設計，將文字提示轉化為充滿創意與活力的短影片。透過智慧生成技術，Sora 能自動添加動態效果、過場動畫和吸引力十足的視覺元素，輕鬆呈現資訊、故事或教學內容。這項功能操作簡單、效率極高，無需專業技能即可完成，為個人與企業提供了一個強大的數位影片創作工具！

9-4-1　夕陽海岸 / Sunset Coast

實例 1：請輸入「黃昏時分的海邊，有波浪輕輕拍打岸邊，天空充滿橘紅色的雲彩。」

下列是生成影片過程。

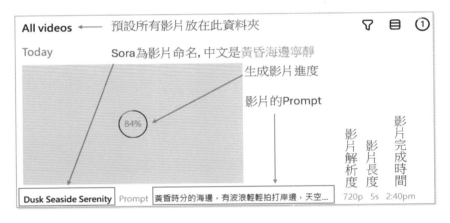

上述圓圈數字代表目前完成比例，下列是完成結果。

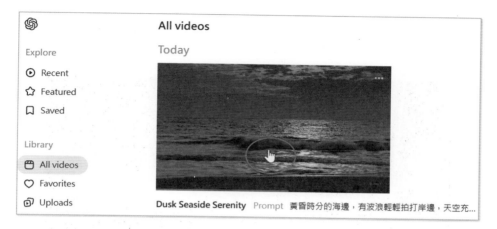

上述點選影片,可以用完整的畫面顯示影片。

可以到前一個畫面

編輯功能, 9-7 節解釋

9-4-2 未來城市 / Future Metropolis

實例 1:請輸入「未來城市的夜景,高樓上流動的霓虹燈光,街道上有自駕車行駛。」

執行後，點選影片可以看到完整畫面。

Prompt 未來城市的夜景，高樓上流動的霓虹燈光，街道上有自駕車行駛。

9-4-3　漂浮島嶼 / Floating Island

實例 1：請輸入「一片漂浮的島嶼，上面有瀑布從邊緣傾瀉而下，四周環繞著雲霧。」

執行後，點選影片可以看到完整畫面。

Prompt 一片漂浮的島嶼，上面有瀑布從邊緣傾瀉而下，四周環繞著雲霧。

9-4-4 文字創作影片使用 Ballon World 風格 - 雲端之上的奇幻世界

實例 1：請輸入「氣球帶你穿越雲層，探索藏在天空深處的奇幻國度。」，同時設定風格 Ballon World。

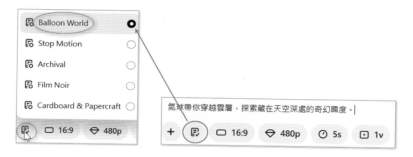

執行後，點選影片可以看到完整畫面。

執行後，點選影片可以看到完整畫面。

9-4-5　文字創作影片使用 Archival 風格 - 沙塵中的邊境小鎮

實例 1：請輸入「在沙塵飛舞的邊境小鎮，木製酒館和鐵匠鋪見證了西部的黃金年代。」，同時設定風格 Archival。

執行後，點選影片可以看到完整畫面。

Prompt　在沙塵飛舞的邊境小鎮，木製酒館和鐵匠鋪見證了西部的黃金年代。

9-5　影片的互動與操作

影片建立好了以後，我們可以對影片執行下載、分享、刪除、喜愛或是在資料夾間搬移，這一節會完整說明。

9-5-1　影片操作

點選檢視影片時，可以看到影片右上方有一系列功能：

❏　🔔活動 Activity

可以看到你編輯的影片。

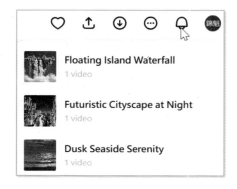

❏　⊙下載 Download

點選後可以看到下列指令。

ChatGPT Plus可以下載有浮水印版

ChatGPT Pro可以下載無浮水印版

可以用GIF動畫格式下載

❏　⬆分享 Sharing options

點選後可以看到下列指令。

本書 ch9 資料夾內的 ch9.txt 內，影片生成的 Prompt 下方有每個影片的連結，是從此複製得來的，下列是畫面。

> 9-4-3
> 一片漂浮的島嶼，上面有瀑布從邊緣傾瀉而下，四周環繞著雲霧。
> https://sora.com/g/gen_01jfs83trjeg9rc5602fttazma

註 OpenAI 公司沒有說明影片連結網址的保留期限。

❑ ♡喜愛 Favorite

如果喜歡生成的影片，可以點選此圖示，將影片規劃在喜愛項目。

點選後，圖示♡變為❤。若是點選 Sora 視窗左上方 OpenAI 公司的 Logo 圖示 ⑨，回到主視窗，再點選左側欄 Library 項目的 Favorites，可以看到此影片。

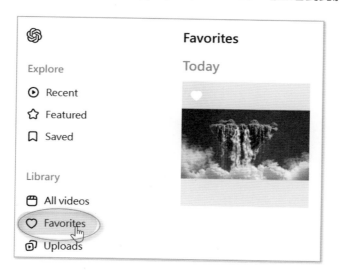

9-5-2 認識影片資料夾 Library

Sora 的左側欄 Library 可以稱是影片庫，這個影片庫包含下列 3 個資料夾：

所有新建的影片皆會在此呈現。

9-5-3　建立資料夾

使用 Sora 久了，一定會建立許多影片，如果只靠 All videos 存放資料夾，未來會有搜尋管理的不便利。在側邊欄 Library 下方有 New folder 功能，此功能可以建立資料夾，未來可以將影片放在新建立的資料夾內。

新建立的資料夾預設名稱是「Untitled folder」，上述是將資料夾名稱改為「夢幻奇幻」的結果。

9-5-4　刪除資料夾

請點選左側欄的夢幻奇幻資料夾。

上述可以進入夢幻奇幻資料夾視窗環境，此時點選夢幻奇幻右邊的圖示 ⋯，可以更改 (Rename) 資料夾名稱或是刪除 (Delete) 資料夾。

9-5-5 影片加入特定資料夾

9-5-1 節的圖的右上方有更多指令圖示 ⊙ ，點選此圖示可以看到下列畫面：

　　　　　　　　　　　　　　　　　　　將影片加入指定資料夾

　　　　　　　　　　　　影片有不好的畫面,可用Report回報OpenAI公司

　　　　　　　　　　　　刪除影片

上述選擇夢幻奇幻後，可以在夢幻奇幻資料夾看到此影片。

9-6 圖片生成影片

　　Sora 的圖片生成影片功能是一項強大的工具，能將靜態的創意圖片轉化為動態的短影片，帶來視覺上的震撼效果。無論是自然風光、未來科技，還是抽象藝術，Sora 都能透過簡單的提示詞快速生成高品質的影像內容，滿足創作者的各種需求。這項功能不僅提升了創意工作的效率，更讓影片製作變得輕鬆有趣，是探索數位創作的理想夥伴！

9-6-1　圖片 (+ 文字) 生成影片邏輯

　　當使用 Sora，我們應用「圖片」+「文字」生成影片時，有時生成的影片是以圖片為主，有時會比較忽略圖片依據文字為主生成影片。以下是這項功能背後的策略邏輯：

❑　**依據原始圖片生成影片**

　　如果用戶只提供圖片（未額外提供文字提示），Sora 會以圖片內容為核心，分析其中的主要元素（如物體、背景、色彩、風格等），自動生成相關的動態影片。

- 應用場景
  - 圖片中有明顯的場景（如山河、城市景觀）。
  - 需要保持原始圖片的整體視覺效果，並添加動態元素（如波浪、風、下雪等）。
- 生成邏輯
  - 識別圖片的主題和風格。
  - 根據圖片的靜態元素（例如建築、自然場景）加入相關動態特效。

❑　**依據圖片文字生成影片**

　　如果用戶同時提供圖片和文字提示，Sora 更傾向於將文字提示作為主要參考，結合圖片的元素生成影片，強調創意的表現力。

- 應用場景
  - 用戶希望加入與圖片相關但更有創造力的動態效果。
  - 需要在圖片基礎上進一步擴展影片故事（如冒險、情感場景）。

- 生成邏輯
  - 圖片作為背景或靈感來源。
  - 文字提示主導影片的場景、特效和動作，圖片提供補充素材。

❏ 完全用文字生成影片

如果圖片提供的訊息不足（例如簡單的圖形或抽象內容），Sora 會以文字提示為主導，生成完全用描述的影片。

- 應用場景
  - 圖片僅用作輔助，主要依靠文字傳遞創意需求。
  - 用戶希望影片內容與圖片無直接關聯，但符合文字描述的主題。
- 生成邏輯
  - 圖片僅作為參考，而非主要視覺元素。
  - 文字提示決定影片的風格、內容與動態設計。

❏ 如何影響生成結果？

- 圖片內容豐富度：圖片越具象，生成影片越傾向以圖片為主；圖片越抽象或簡單，越會依賴文字提示。
- 文字提示的權重：如果文字描述具體且富有創意，Sora 會更傾向於文字生成。
- 用戶設定的效果：如果選擇特定的效果（如 Balloon World 或 Archival），會影響生成策略的優先級。

❏ 實用建議

- 想用圖片為主體生成影片：請提供高解析度的圖片，並選擇簡單的文字提示。例如：「將這張圖片轉化為動態海浪效果」。
- 想加入創意場景：圖片作為背景，搭配詳細的文字描述，例如：「讓這座山谷中出現飛翔的鳥群和飄動的雲霧」。
- 文字為主創意：提供抽象圖片並專注於文字描述，例如：「根據這幅圖設計一個幻想世界的冒險故事」。

9-6-2　用圖片生成影片

Sora 的圖片生成影片功能，讓靜態圖片瞬間轉化為生動的視覺影片。透過簡單的操作，用戶可以直接上傳圖片，無需額外描述，即可快速生成獨特的影片效果，展現圖片背後的無限可能！

❏　匈牙利布達佩斯國會大廈與多瑙河上的夜景

實例 1：ch9 資料夾有 river.png，這張圖片展示了匈牙利布達佩斯國會大廈，在夜晚的燈光照射下顯得金碧輝煌。背景是深邃的藍色夜空，建築的倒影清晰地映射在多瑙河上，增添了畫面的美感和對稱性。前景中有幾艘遊船行駛於河面，為整個場景注入了動態的生命力，展現出這座城市獨特的夜晚魅力和浪漫氛圍。在 Prompt 輸入區，請點選圖示 ＋，可以上傳 river.png 圖像。

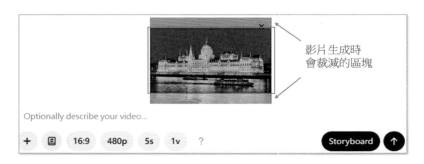

視訊是 16:9 比例，圖像上傳後可能會因比例問題，上下區塊會被裁減。上述執行後，可以得到下列結果。

　　影片將呈現河面波光粼粼，遊船緩慢巡航，影片的精細度到可以看到遠方岸邊人潮移動。

❏　**科技感的多媒體編輯介面**

實例 2：在 ch9 資料夾內有 video.png，這是具有科技感的多媒體編輯界面，讓 Sora 為此圖像生成影片。

可以得到下列結果。

　　影片呈現一個未來感十足的數位編輯平台，界面充滿流動的光效和鮮豔的波形動畫，背景有科幻風格的漩渦和多層交互式顯示螢幕。

9-6-3　圖片 + 文字生成影片

　　Sora 結合圖片與文字描述生成影片功能，將靜態圖像與創意文字轉化為生動的多媒體影片。透過智慧技術，Sora 能自動添加動態效果和過場動畫，讓故事或訊息以視覺化方式呈現，簡化製作流程，激發無限創作可能。

❑　寧靜的雪夜街景

實例 1：在 ch9 資料夾有 city.png，這張圖展示了一條積雪的街道，周圍是傳統的日式建築，黃昏時分的燈光給整個場景增添了一層溫暖的氛圍。

　　請輸入 Prompt：「一條被白雪覆蓋的寧靜街道，黃昏的街燈照亮道路，雪花緩緩飄落，偶爾有車輛慢速駛過，營造出冬季傍晚的溫馨氛圍。」。

　　執行後可以得到下列結果。

上述影片可以看到飄雪的場景，與多輛汽車通過。

❏　企鵝的沙灘生活

實例 2：在 ch9 資料夾有 penguin.png，這張圖展示了一群企鵝在沙灘上的活動，前景是碧藍的海水，背景是沙丘，畫面自然且生動。

請輸入 Prompt：「企鵝在沙灘上自由活動，有的在互相追逐，有的在整理羽毛，海浪輕輕拍打岸邊，展現自然生態的和諧。」。

執行後可以得到下列結果。

上述影片中段後，也發現 Sora 依據 Prompt 的內容自行創作了新的場景。

Image prompt　企鵝在沙灘上自由活動，有的在互相追逐，有的在整理羽毛，海...

　　整個新創作的片段，完全呈現了 Prompt「企鵝在沙灘上自由活動，有的在互相追逐」的內容。

9-6-4　Sora 影像生成也會有 Error!

　　Sora 也不是萬能，目前不支援圖片含有人像。ch9 資料夾有 eagle.png，筆者嘗試使用 Prompt，「老鷹從男子手臂上展翅飛起，盤旋於城市上空，背景的摩天大樓與遙遠的藍天白雲交相輝映，體現自由的意境。」，要生成影片，如下所示：

結果產生了下列錯誤。

上述表示，目前不支援圖片有人像。

9-7 影片生成後的進階編輯

影片編輯完成後，點選影片可以看到完整畫面展示，讀者可以參考 9-4-1 節最後一張畫面，這時畫面下方有影片編輯功能。

上述除了 View story 為與故事板有關，將在下一節說明，其他將分成小節說明。

9-7-1 Edit Prompt 功能

編輯 Edit Prompt，可以讓我們編輯建立影片的 Prompt，然後生成影片。

實例 1：讓影片出現太陽。請點選 Edit Prompt，將看到下列畫面。

上述 Prompt，修改如下：

執行後，可以得到下列結果。

上述明顯地出現了「夕陽」。

9-7-2　Re-cut 功能

Ru-cut 功能可以刪除片段與重新生成功能，若是以「寧靜的雪夜街景」為例，點選此影片，然後點選 Re-cut 功能後，將看到下列畫面：

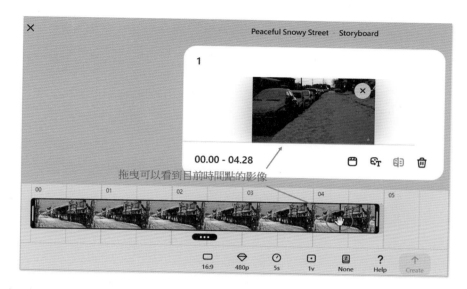

這時可以拖曳右邊的裁減標記，裁減影像。

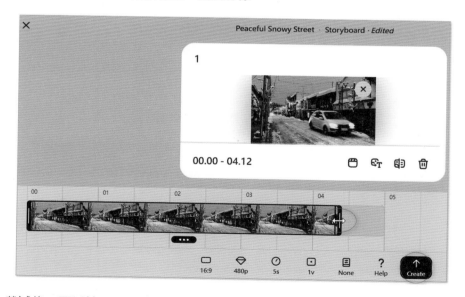

裁減後，可以按 Create 鈕重新生成該時間區塊的影像。

9-7-3　Remix 功能

編輯功能 Remix 意義是在原影片的基礎上重組、改造或是升級，這一節將以「匈牙利布達佩斯國會大廈與多瑙河上的夜景」為例做說明。

執行此功能時，還可以選擇 Remix 的強度，預設是 Strong remix，請點選可以有下列選項：

實例 1：讓多瑙河上的遊船有更明顯的航行，請點選 Remix 後，輸入如下：

上述執行後，影片上可以明顯看到多瑙河上的遊船在航行。

9-7-4 Blend 功能

可以讓影片場景疊加、融合多種素材、效果和視覺元素的工具，讓用戶能夠以創意和藝術性的方式將內容結合在一起。例如：筆者使用 9-4-4 節的影片「雲端之上的奇幻世界」為例，

執行 Blend 功能後，同時點選 Choose from library，然後選擇前一節「多瑙河上的夜景」影片，此時畫面如下：

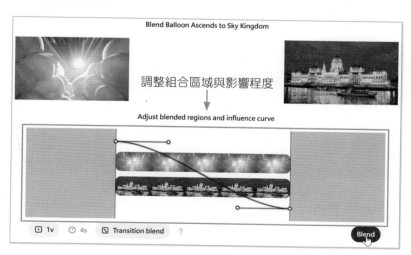

點選 Blend 鈕後，可以得到多瑙河上空有了熱氣球，下列是執行結果。

9-7-5　Loop 功能

　　Sora 的 Loop 功能是一項專注於創造循環內容的工具，讓用戶可以重複播放某個素材或場景，實現視覺上的連貫性和設計的創意性。下列是以前一小節的影片為例。

請點選 Loop 鈕，可以看到下列畫面：

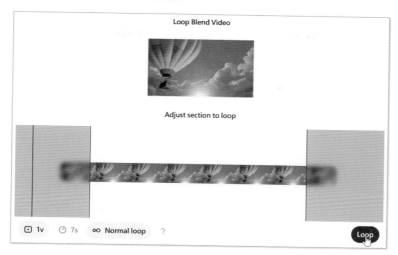

可以拖曳選擇要重複播放的區塊，選號後請按 Loop 鈕，就可以生成影片，所選的區塊會重複播放。

9-8 故事板（Storyboard）的使用與應用

在故事面板內，可以看到影片每一個時段的編輯內容，例如：若是以 9-6-3 節的「企鵝的沙灘生活」影片為例。

當點選 View story 鈕後，可以看到下列故事板。

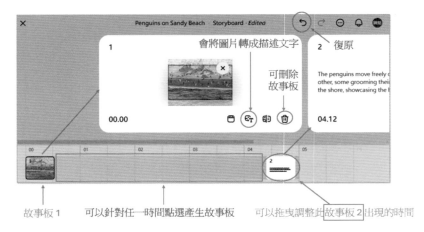

上述編輯時，可以點選復原圖示 ↩，隨時復原，所以讀者可以大膽嘗試。這一節將用將圖片故事板轉文字為例做說明。圖示 🅣 可以將圖片轉文字，請點選此圖示。

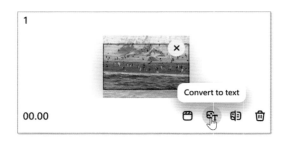

上述在故事板 1 點選圖示後，圖片將轉為文字。

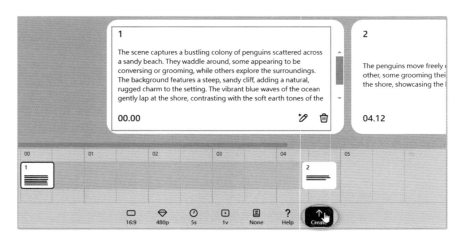

上述點選 Create 鈕後，可以得到完全由 Sora 生成的影片，所以企鵝畫面顯得比較一致。

影片下方顯示，此影片包含 2 個故事板。

9-9 優秀作品參考與靈感啟發

Sora 視窗左側欄位可以點選近期 (Recent) 或是精選 (Featured)，欣賞他人的作品，下列是筆者點選 Featured 的參考作品。

滑鼠游標移到影片上，可以在右下方看到 4 個圖示，意義如下：

- ⊚：Remix 功能，我們可以對此影片執行 Remix。

- ⟳：Loop 功能，我們可以對此影片執行 Loop。

- ▣：Save 功能，我們可以對此影片執行 Save 功能，執行後可以在左側 Saved 欄位 (註：在 Featured 的下方) 的看到此影片。

- Q：Search 功能：可以搜尋類似的影片。

這一章筆者介紹了 Sora 的大部分功能，建議讀者多做嘗試，一定可以創作自己滿意的影片。

第 10 章

畫布
ChatGPT 助攻
Python 程式設計

　　ChatGPT 的畫布 (Canvas) 也可以當作用程式設計整合的開發環境，特別適合進行當下最熱門的 Python 程式設計。透過此功能，使用者可以直接在畫布中編寫、執行和調整程式碼，無需切換至其他開發工具，提升開發效率。或是，使用者可以在輸入區，告訴 ChatGPT 要設計的程式題目，讓 AI 完成設計，甚至加上程式註解。此外，畫布還支援即時錯誤檢查和語法高亮顯示，協助開發者更輕鬆地進行程式開發和除錯。

10-1　開啟 Python 程式設計環境

　　請啟動畫布，然後輸入「Python」，就可以進入 Python Canvas 環境。

　　執行後，可以進入 Python 設計環境。

　　上述請點選圖示 ↗，就可以進入 2 欄式的畫布工作環境。

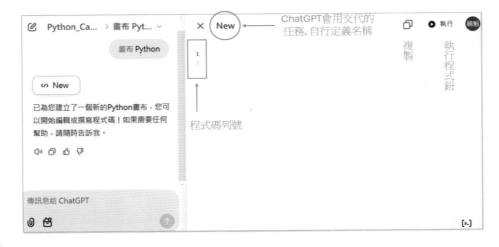

上述右邊是畫布，通常是一個交談主題，用一個畫布，設計一個程式，如果要設計新的程式，可以開啟新的交談主題。這種設計方式的優點如下：

- 專注於單一主題
  - 每個交談主題專注於解決一個特定的問題或實現一個功能，便於進行邏輯推理和設計。
  - 避免將多個無關程式碼混合在一起，導致混亂。
- 方便版本控制：Canvas 會記錄畫布的每次改動，便於檢視和回溯。如果每個畫布只處理一個程式，可以更清晰地管理歷史版本。
- 便於分享與協作：單一畫布可以直接導出或分享，讓其他人快速理解這段程式的用途和功能。
- 模組化的程式設計：如果專案需要多個程式，可以透過多個畫布分別實現，最終再整合起來。例如：一個畫布設計資料處理模組，另一個畫布設計視覺化模組。

10-2　ASCII 字元繪製機器人

10-2-1　機器人程式設計

程式實例 10_1.py：請輸入「請設計程式用 ASCII 碼繪製機器人」，執行此 Prompt 後，可以看到下列畫面。

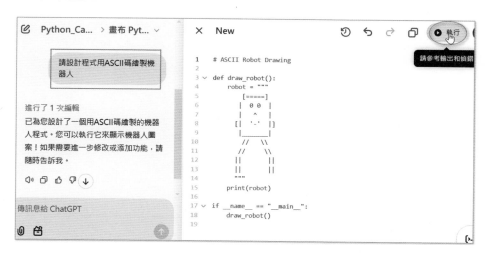

上述點選執行鈕後，可以得到下列結果。

```
控制台                                                        🗑
執行                                                    module:15
            [=====]
           |  0 0  |
           |   ^   |
          [|  '-'  |]
           |_____|
            //    \
           //      \
           ||      ||
           ||      ||
```

　　ChatGPT 已經用 ASCII 碼繪製一個機器人外型了。上述程式碼是在獨立的工作區，Canvas 視窗右上方有複製圖示 ⧉，點選可以複製到剪貼簿。例如：筆者點選複製圖示 ⧉ 後，貼在一般 Python 編輯器儲存，未來可以下載儲存到硬碟，ch10 資料夾內有此 ch10_1.py 檔案。

10-2-2　程式增加註解

程式實例 ch10_2.py：請輸入『請為 Canvas 上的程式碼執行「增加程式中文註解」』。

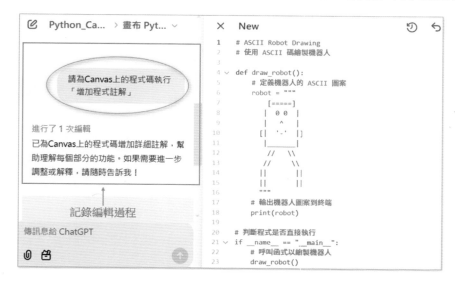

可以看到程式已經有中文註解了，同時左邊交談互動區會記錄每一個編輯過程，方便日後追蹤與修護程式，這個程式將用 ch10_2.py 儲存。

10-3 設計程式的智慧功能

10-3-1 智慧提示

在畫布環境設計程式時，輸入特定字元時，會有相關建議「功能指令或是變數」，可以節省我們輸入程式的時間。

實例 1：輸入「i」，會自動出現智慧「功能指令或變數」，可以參考下列實例。

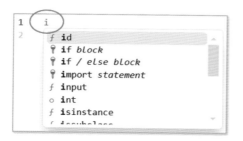

上述可以用點選方式輸入指令，可以增加程式設計效率。

實例 2：輸入變數開頭字串，也可以自動提示。

10-3-2 程式碼評論

畫布右下方有程式碼評論圖示 **[>-]**，此圖示功能是用來提供建議或指出程式碼中的潛在問題，這樣可以幫助程式碼開發者更快速地進行錯誤檢查、最佳化以及改善可讀性。

- 錯誤檢查
  - 自動指出語法錯誤或潛在的執行問題。

■ 提供可能的解決方案，減少測試時間。
● 最佳化建議
■ 提出程式碼優化的建議，例如如何提高效率或簡化程式碼結構。
■ 提醒重複的邏輯或多餘的程式碼。
● 提升可讀性
■ 提供命名規則、註解風格等建議，讓程式碼更具可讀性。
■ 建議分解過於複雜的函數或流程。
● 標準遵循
■ 檢查程式碼是否符合常見的 Python 標準，例如 PEP 8。
■ 提供符合標準的範例或指引。
● 安全性提示
■ 發現可能的安全漏洞（例如未處理的用戶輸入、硬編碼密碼）。
■ 提供如何避免這些漏洞的建議。

假設有一個 ch10_3.py 程式設計如下：

```
1 ∨  def add_numbers(a, b):
2         sum = a + b
3         return sum
4
5     print(add_numbers(3, 4))
6
```

點選程式碼評論圖示後，ChatGPT 會用黃色底顯示有改良空間的程式碼。

```
1 ∨  def add_numbers(a, b):
2         sum = a + b
3         return sum
4
5     print(add_numbers(3, 4))
6
```

　　同時有改良空間的程式碼右邊可以看到圖示 ①，你可以點選此圖示或是點選該列程式碼，此時程式碼會有深黃色顯示，同時會列出此程式碼的建議。

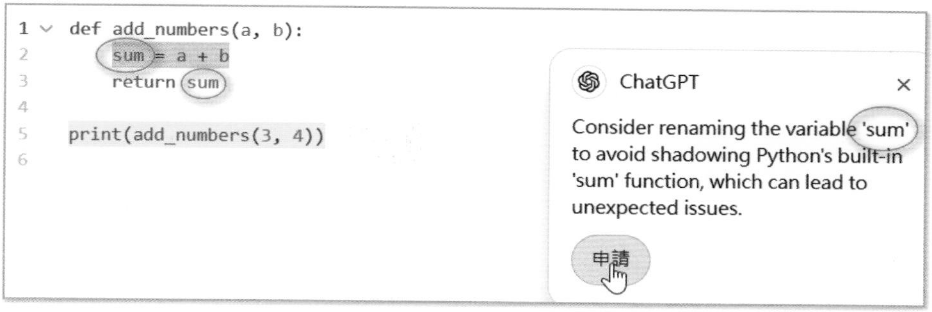

```
1 ∨   def add_numbers(a, b):
2         sum = a + b
3         return sum
4
5     print(add_numbers(3, 4))
6
```

⑤ ChatGPT　　　　　　　×

Consider renaming the variable 'sum'
to avoid shadowing Python's built-in
'sum' function, which can lead to
unexpected issues.

申請

　　上述是說，「變數 sum 與內建函數「sum」同名，請考慮更改名稱，以避免遮蔽 Python 內建函數「sum」，產生不可預期的結果」。此例筆者想參照 ChatGPT 的建議，點選申請。

```
1 ∨   def add_numbers(a, b):
2         total = a + b
3         return total
4
5     print(add_numbers(3, 4))
6
```
①

　　上述可以看到變數「sum」已經改為「total」了。接下來筆者點選第 5 列，可以看到 ChatGPT 的建議：

```
1 ∨   def add_numbers(a, b):
2         total = a + b
3         return total
4
5     print(add_numbers(3, 4))
6
```

⑤ ChatGPT　　　　　　　×

Printing directly in the main logic is
fine for small scripts, but consider
separating test cases or using
logging for more robust applications.

申請

　　上述 ChatGPT 建議是，「直接在主程式邏輯中使用列印操作對於小型腳本來說是可以的，但請考慮將測試案例分離，或使用記錄模組（logging）以適應更健全的應用程式需求」。此例，筆者點選申請鈕，可以得到下列結果。

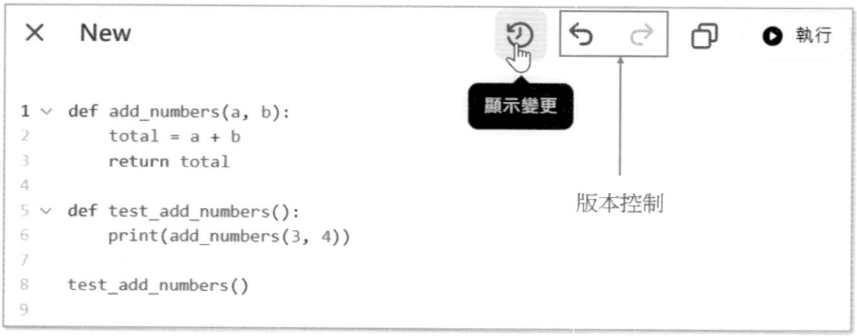

　　結果 ChatGPT 試用測試案例分離方式設計這個程式，結果存入 ch10_4.py。在程式上方有版本控制圖示與顯示變更圖示，這兩個畫布的觀念與 5-4-2 節至 5-4-4 節觀念相同。

10-3-3　新增評論

　　在畫布上，若是將滑鼠游標放在程式碼評論圖示 【>-】 上，可以看到新增評論圖示 ⊡，此新增評論功能是：

- 為程式碼添加註解
  - 這是新增評論的核心功能，幫助解釋程式碼的邏輯、用途或特殊設計意圖。註：目前 ChatGPT 會自動用英文註解。
  - 系統可能自動生成智慧註解，或者提供一個框架供開發者手動撰寫。
- 記錄程式邏輯
  - 開發者可以使用新增評論功能記錄對程式碼的補充說明，例如為什麼選擇某種實現方式。
  - 這在長期維護或團隊合作中非常重要，方便後續成員理解程式碼。
- 標記問題或改進點
  - 新增評論不僅限於解釋功能，也可以用來標記程式碼中的潛在問題、性能瓶頸或未完成的部分。
  - 例如：「此函數的執行速度可以進一步優化。」

- 促進團隊協作：在多人合作的專案中，新增評論功能可以作為討論的起點，讓團隊成員針對某段程式碼進行交流。
- 補充教育意圖：如果程式碼用於教學或分享，註解和評論可以幫助學習者更好地理解程式碼的設計和邏輯。

有一個 ch10_5.py 程式內容如下：

```
1 ∨  def calculate_sum(numbers):
2         result = 0
3 ∨      for num in numbers:
4             result += num
5         return result
6
7
```
新增評論

點選新增評論圖示 🗩 後，可以得到下列結果。

```
1 ∨  def calculate_sum(numbers):
2         # Initialize a variable to store the sum of the list elements
3         result = 0
4 ∨      for num in numbers:
5             # Iterate through each number in the list and add it to the result
6             result += num
7         # Return the total sum after the loop completes
8         return result
9
```

上述含程式註解的程式，儲存至 ch10_6.py。

10-3-4　新增日誌功能

在畫布上，若是將滑鼠游標放在程式碼評論圖示 [>-] 上，可以看到新增日誌圖示 🛆，此新增日誌功能是幫助用戶記錄程式碼的執行狀態和重要訊息，具體特點如下：

- 記錄程式狀態：用戶可以使用新增日誌功能來記錄程式在運行過程中的各種情況，例如變數的值、函數的執行結果等，這有助於追蹤程式的運行狀態。
- 錯誤追蹤：當程式出現錯誤時，用戶可以在日誌中記錄錯誤訊息，這樣可以方便後續的調試和修正。
- 增強可讀性：透過在程式碼中添加日誌，開發者可以讓其他人更容易理解程式碼的邏輯和運行流程，特別是在團隊合作中。

● 便於維護：記錄日誌有助於程式碼的長期維護，當需要回顧或修改程式時，可以參考過去的日誌記錄，以了解之前的設計決策和執行結果。

假設繼續前一節的實例，請點選新增日誌圖示 🖊 。

```
1 ∨  def calculate_sum(numbers):
2         # Initialize a variable to store the sum of the list elements
3         result = 0
4 ∨      for num in numbers:
5             # Iterate through each number in the list and add it t
6             result += num
7         # Return the total sum after the loop completes
8         return result
9
```

可以得到下列結果。

```
1 ∨  def calculate_sum(numbers):
2         # Initialize a variable to store the sum of the list elements
3         result = 0
4         print("Starting sum calculation...")  # Log the start of the process
5 ∨      for num in numbers:
6             # Iterate through each number in the list and add it to the result
7             print(f"Adding {num} to current sum {result}")  # Log the current number a
8             result += num
9         # Return the total sum after the loop completes
10        print(f"Final sum is {result}")  # Log the final result
11        return result
12
```

上述框起來的程式碼主要就是記錄程式碼的執行狀態，以這個程式為例，主要是記錄迴圈的開始 (第 4 列)、過程 (第 7 列) 以及結果 (第 10 列)，這個執行結果儲存在 ch10_7.py。

10-3-5　修復錯誤

在畫布上，若是將滑鼠游標放在程式碼評論圖示 ⟨⟩ 上，可以看到修復錯誤圖示 🐞，這個功能可以幫助開發者快速檢查並解決程式中的錯誤問題。這功能並非手動操作，而是智慧化的輔助，能主動分析程式碼，並給出修復建議。下列是修復錯誤的可能形式：

● 自動檢測錯誤：

■ 當程式碼中存在語法或執行錯誤時，Canvas 可能會自動標記錯誤段落並提供即時的修復建議。

■　例如，標記語法錯誤並提供正確的範例。

- 修復建議清單：點擊錯誤提示後，系統會顯示一個清單，列出可能的修復方法，供你選擇採用。

- 智慧修復按：如果有明顯的錯誤（如拼寫錯誤或漏括號），可以直接按下「修復錯誤」按鈕，系統會自動更正。

此功能特性如下：

- 即時錯誤檢測

    ■　語法錯誤：系統會檢查如拼寫錯誤、未關閉的括號、錯誤的縮排等問題。

    ■　邏輯錯誤：對於某些明顯的邏輯問題（例如變數未定義），會給出提示。

- 修復建議

    ■　當程式碼中出現錯誤時，Canvas 提供具體的解釋和修復建議。例如：

    ■　錯誤：NameError: name 'my_var' is not defined

    ■　建議：請檢查變數名稱是否拼寫正確，或確保變數已初始化。

- 修正程式碼

    ■　自動修復：對於簡單的錯誤，系統可能直接更正程式碼並通知你。

    ■　選擇性修復：對於較複雜的問題，Canvas 會列出多種可能的修復方式，由開發者決定採用哪一種。

- 提供教學式解釋在修復錯誤的同時，Canvas 會解釋問題的根源，幫助開發者理解錯誤並避免類似問題。

假設程式 ch10_8.py 設計如下：

點選執行鈕後，將看到下列錯誤畫面，「y」沒有定義。

```
1   k = 100 + y          修復錯誤
2   print(x)
3
4
```

```
控制台                                          🗑
① 執行 NameError: name 'y' is not defined      module
```

　　請點選修復錯誤圖示🐵，ChatGPT 主動修為變數「y」設定一個值，這樣程式就可以執行了，程式執行結果存入 ch10_9.py。

```
1   y = 50
2   x = 100 + y
3   print(x)
4
```

10-3-6　轉移到語言

　　在畫布上，若是將滑鼠游標放在程式碼評論圖示 〔>-〕 上，可以看到轉移到語言圖示 Ⓨ，點選此圖示後，ChatGPT 會列出所有可以轉換的程式語言。

```
PHP

C++

Python

JavaScript

TypeScript      🖑

Java
```

　　假設點選 C++ 語言，如下：

```
1   y = 50                              PHP
2   x = 100 + y
3   print(x)                            C++ 🖑
4
```

上述點選 C++ 後，可以得到下列結果。

```cpp
#include <iostream>

int main() {
    int y = 50;
    int x = 100 + y;
    std::cout << x << std::endl;
    return 0;
}
```

由於 C++ 語言的副檔名是「cpp」，所以上述 ChatGPT 將原先預設的名稱改成 Cpp Code。

10-4 程式輸入設計

使用畫布設計 Python 程式時，有關輸入部分，比較沒有明確定義應該如何輸入，此時可以用自然語言的方式，在 Prompt 輸入區設定輸入。

程式實例 ch10_10.py：請輸入『請設計一個程式，輸入 n 可以生成「n 的階乘」的程式』。

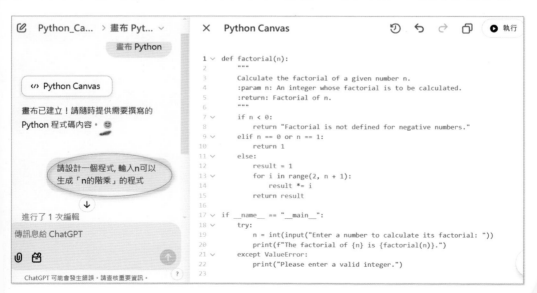

　　程式執行時可以在 Prompt 輸入框執行，請輸入「請用 n = 5 執行」，可以得到下列值型節果。

> 請用 n = 5 執行

 當 $n = 5$ 時，計算出的階乘結果為 120。如需進一步測試或修改程式，請隨時告訴我！ 😊 [>.]

　　上述是使用自然語言執行，筆者認為從 OpenAI 公司的企圖心，未來應該可以很快可以在雲端輸入資料執行程式。這是一本介紹 ChatGPT 新功能的著作，更多設計細節，請讀者參閱筆者所著的 Python 相關作品。

　　最後預祝讀者學習愉快。

Note